前言

在全球农业向绿色、生态与可持续方向转型的时代背景下，蔬菜病虫害防控正经历着一场深刻的范式变革。传统依赖化学农药的病虫治理方式虽然在一定历史阶段内发挥了重要作用，但其带来的生态破坏、农产品安全隐患以及抗药性加剧等问题，也日益成为制约农业可持续发展的突出矛盾。如何实现病虫害防控从“高投入、高污染”向“低风险、可持续”转型，成为摆在农业科技工作者面前的核心命题。

“绿色防控”应运而生，并迅速成为现代农业发展的战略高地。这一理念强调以生态学为基础，通过调节生态系统结构与功能，充分发挥生物、物理、农艺等非化学手段的综合作用，实现对病虫害的系统性、协调性与可持续控制。与传统防控模式相比，绿色防控不仅目标更加宏观、路径更加多元，其核心价值更体现在对生态平衡的维护与农业环境的友好兼容性上。

《蔬菜病虫害绿色防控技术与实践》正是基于这一时代背景和理论诉求，以系统化思维对蔬菜绿色防控体系进行全景式呈现与深入探讨。全书围绕绿色防控的理论基础、监测技术、生物与物理手段、区域适配模式及标准化评价体系等关键环节展开，既立足于生态科学与植物保护的理论融合，又紧扣国家农药减量化政策与蔬菜产业绿色升级的现实需求，致力于为实践提供可操作、可推广的技术路径与决策支持。

本书在结构设计上层层递进、逻辑严谨。第一章以绿色防控的生态学内涵为开篇，从系统结构调控、生物多样性维护、生态平衡自调等方面，构建了病虫害绿色防控的理论图谱。随后，第二至第五章聚焦病虫害监测、诊断、种群动态分析与防控措施，尤其是对物联网、遥感、大数据等现代农业信息技术在病虫害管理中的应用进行了系统阐述，充分体现了绿色防控的技术进步与智能演进。

本书的中后部分则聚焦于“集成化”与“标准化”两大命题。从抗性品种选育、生态调控、生物防治到区域技术模式构建，系统整合了国内外最新研究成果与典型案例，为绿色防控技术的综合应用提供理论支撑与实践样本。同时，围绕绿色防控的效果评估体系、减药替代的科学依据、制度化支持路径等问题，提出了多维度的评价机制与政策建议，力图将绿色理念转化为可衡量、可验证、可推广的治理实践。

值得一提的是，本书特别关注中国蔬菜生产的现实语境与多样性挑战。在案例选择与技术路径构建上，充分考虑到设施农业与露地栽培的差异化需求、南北气候条件对病虫害谱的异构性影响，以及中小农户对技术适配性和成本效益的敏感性。通过构建适应性强、成本可控、生态友好的防控技术体系，为基层生产主体提供了一套切实可行的绿色病虫害治理方案。

在写作风格上，本书力求兼顾理论深度与实践温度，既不失学术研究的严谨性，也注重案例经验的可读性与启发性。每一章节均设置了典型应用与问题剖析，旨在推动绿色防控技术从试验田走向大田、从科研成果走向生产现场。同时，通过前沿技术的交叉融合探索，为病虫害绿色防控的跨学科发展提供了创新启示。

本书不仅是一部系统总结我国蔬菜绿色防控经验的理论著作，更是一部服务于未来农业绿色转型的重要工具书。它不仅为广大农业科研人员、技术推广人员与种植户提供了专业指导，也为相关政策制定者与行业组织者提供了理论依据与制度参考。我们相信，随着本书的传播与实践的深入推进，蔬菜病虫害绿色防控必将在我国农业绿色发展战略中扮演更加核心的角色。

编者

目录

第一章 蔬菜病虫害绿色防控的理论基础

第一节 绿色防控的生态学内涵与原则

在全球农业可持续发展和生态文明建设的时代背景下，蔬菜病虫害绿色防控已成为现代农业生产体系中的核心组成部分。传统的化学防控模式虽然在短期内能够有效控制病虫害，但其对生态环境的负面影响、对食品安全的潜在威胁以及害虫抗药性的不断增强，使得农业生产面临着前所未有的挑战[1]。

一、绿色防控的生态学内涵解析

(一) 生态学视角下的绿色防控概念界定

绿色防控在生态学意义上，是指以农业生态系统为基本单元，遵循生态学基本原理和规律，通过优化系统结构、调节生态关系、增强系统稳定性等途径，实现对蔬菜病虫害的可持续控制。这一概念的核心在于将病虫害防控从单纯的“消灭害虫”转向“调控生态关系”，从“外部干预”转向“内在调节”，从“短期效应”转向“长期平衡”[2]。

与传统化学防控相比，绿色防控的本质区别在于其生态学思维。传统防控往往采用简单的直接杀灭方式，虽然见效快，但容易破坏生态平衡，导致次要害虫上升为主要害虫、天敌种群受损、害虫抗药性增强等问题。而绿色防控则采用系统性思维，通过生态调控、生物防治、物理防治等多种手段的有机结合，在控制害虫的同时维护生态系统的稳定性和可持续性。

（二）农业生态系统中的病虫害发生机制

从生态学角度分析，病虫害的发生是农业生态系统失衡的外在表现。在自然生态系统中，各种生物通过长期的协同进化形成了相对稳定的生态关系，害虫种群受到天敌、环境阻力、食物竞争等多种因子的制约，很少出现大规模暴发。然而，在人工农业生态系统中，由于作物品种单一、栽培环境简化、化学投入品过度使用等因素，原有的生态平衡被打破，为害虫的大量繁殖创造了条件。

二、绿色防控的核心生态学原理

（一）生物多样性保护与利用原理

生物多样性是生态系统稳定性和功能完整性的基础，也是绿色防控的核心理论支撑。在农业生态系统中，生物多样性包括遗传多样性、物种多样性和生态系统多样性三个层次，每个层次都对病虫害防控具有重要意义。

天敌-害虫-作物三者之间的关系构成了农业生态系统中最重要的营养级关系。作物为害虫提供食物和栖息场所，害虫为天敌提供食物来源，天敌通过控制害虫数量保护作物免受危害。这种三营养级的相互作用关系遵循生态学中的“敌害假说”，即天敌的存在可以减轻害虫对植物的取食压力，促进植物群落的稳定。

（二）生态平衡与自我调节原理

生态平衡是生态系统在长期演化过程中形成的一种动态稳定状态，表现为系统内各组分之间的相对稳定和协调发展。在农业生态系统中，生态平衡的维持依赖于系统的自我调节能力，这种能力主要通过负反馈机制实现。

生态韧性是生态系统抵抗干扰和恢复平衡的能力，是衡量系统稳定性的重要指标。具有高韧性的农业生态系统能够在遭受病虫害侵袭或其他干扰后，通过内在的调节机制快速恢复到平衡状态。生态韧性的强弱主要取决于系统的复杂性和多样性。复杂的系统具有多条能量流动和物质循环路径，当某一路径受阻时，其他路径可以发挥补偿作用；多样化的系统具有丰富的功能冗余，当某些物种消失时，其他具有相似功能的物种可以填补空缺。

（三）能量流动与物质循环原理

能量流动和物质循环是生态系统的两个基本功能过程，也是理解农业生态系统运行机制和优化病虫害防控策略的重要理论基础。在农业生态系统中，太阳能通过植物的光合作用转化为化学能，然后沿着食物链逐级传递，最终以热能的形式散失到环境中。

三、绿色防控的基本原则体系

（一）生态优先原则

生态优先原则是绿色防控的首要原则，体现了对生态环境保护的高度重视和对可持续发展理念的深刻理解。这一原则要求在病虫害防控过程中，必须将生态效益放在首位，优先选择对生态环境友好的防控措施，最大限度地减少对生态系统的负面影响。

（二）系统协调原则

系统协调原则强调农业生产系统的整体性和协调性，要求在病虫害防控过程中统筹考虑各个子系统之间的相互关系，实现系统整体效益的最大化。这一原则体现了系统论的基本思想，将农业生产视为一个复杂的系统工程，通过优化系统结构和功能配置，提高系统的整体性能。

（三）可持续发展原则

可持续发展原则是绿色防控的根本原则，体现了对未来世代负责的态度和对人与自然和谐共生的追求。这一原则要求在满足当前病虫害防控需求的同时，不损害未来世代满足其需求的能力，实现经济发展、社会进步和环境保护的协调统一。

绿色防控的生态学内涵深刻揭示了病虫害防控的本质规律，其核心原则体系为实践提供了科学指导。在新时代农业绿色发展的征程中，我们必须坚持生态学理论的指导，不断完善绿色防控技术体系，推动农业生产方式的根本转变。绿色防控通过构建以生态调控为基础、生物防治为核心、物理防治为补充、化学防治为应急的综合防控技术体系，充分体现了生态学的整体性、系统性和协调性原则，为建设美丽中国、实现人与自然和谐共生的现代化贡献力量。随着生态学理论的不断发展和防控技术的持续创新，绿色防控必将在保障粮食安全、保护生态环境、促进农业可持续发展等方面发挥更加重要的作用。

第二节　蔬菜病虫害成灾机制与环境驱动因子

蔬菜病虫害的成灾过程是一个复杂的生态学现象，涉及病原生物与寄主植物、环境条件之间的多重相互作用。在全球气候变化和农业集约化发展的背景下，蔬菜病虫害的发生规律呈现出新的特点，成灾频率和危害程度不断加剧，给蔬菜产业的可持续发展带来严峻挑战。深入理解病虫害成灾的内在机制，准确识别和量化环境驱动因子的作用规律，是构建科学有效的绿色防控体系的重要理论基础。环境驱动因子作为病虫害发生发展的外在条件，不仅直接影响病原生物的生存、繁殖和传播，还通过改变寄主植物的生理状态和抗性水平，间接调控病虫害的发生强度。

一、蔬菜病虫害成灾的生态学机制

（一）成灾过程的阶段性特征

蔬菜病虫害的成灾过程具有明显的阶段性特征，遵循着从初始侵染到暴发成灾的生态学规律。初始侵染与建群阶段是病虫害成灾的起始环节，病原生物从越冬场所、种子携带或外来传入等初侵染源开始，在适宜的环境条件下完成对寄主植物的首次侵染。这一阶段的特点是侵染点分散、数量较少，但为后续的大规模扩散奠定了基础。病原菌通过孢子萌发、菌丝生长等方式建立侵染点，害虫则通过取食、产卵等行为建立种群栖息地。

（二）种群动态的调控机制

密度制约因子在病虫害种群动态调控中发挥着重要作用，是维持生态平衡的内在机制。当病虫害种群密度较低时，个体间的竞争相对较弱，资源相对充足，种群增长主要受环境容量的限制。随着种群密度的增加，种内竞争逐渐加剧，表现为对食物资源、栖息空间、交配机会等的竞争。对于病原菌而言，高密度条件下可能出现营养竞争、空间竞争和化感抑制等现象；对于害虫而言，高密度可能导致食物不足、栖息空间拥挤、交配干扰等问题。

环境阻力与种群增长之间存在着动态平衡关系，是调控病虫害种群动态的重要机制。环境阻力包括非生物因子（如不适宜的温度、湿度、光照等）和生物因子（如天敌、竞争者、病原微生物等）的综合作用[3]。在种群增长的初期，环境阻力相对较小，种群能够快速增长；随着种群密度的增加和环境条件的变化，环境阻力逐渐增大，种群增长速度放缓，最终趋于稳定。

二、气候环境因子的驱动作用

（一）温度因子的多维影响

温度作为最重要的气候因子之一，对病原菌生活史的各个环节都具有深刻的调控作用。病原菌的孢子萌发、菌丝生长、孢子产生等关键生理过程都严格依赖于温度条件，不同病原菌对温度的适应范围存在显著差异。大多数真菌病原菌的最适生长温度在20～25℃之间，但也有一些低温型病原菌如灰霉病菌能在5～20℃的低温条件下正常生长，而一些高温型病原菌如枯萎病菌则偏好25～30℃的较高温度[4]。

（二）水分条件的关键作用

湿度对病害侵染过程具有决定性的影响，是许多真菌和细菌病害发生的关键限制因子。大多数病原菌的孢子萌发和侵染都需要在高湿度条件下进行，相对湿度低于80%时，多数病原菌难以完成正常的侵染过程。叶面水膜的存在对病害侵染尤为重要，水膜不仅为孢子萌发提供了必需的水分条件，还为病原菌的游动孢子提供了传播介质。研究表明，叶面持续有水膜6小时以上，大多数病原菌就能成功侵染[5]。

三、土壤环境的基础性影响

（一）土壤理化性质与病害发生

土壤结构对病原菌传播的调控作用主要体现在对水分运动和气体交换的影响上。良好的土壤结构具有适宜的孔隙度和团粒结构，有利于水分的渗透和排出，能够避免土壤长期积水，从而减少厌氧条件下病原菌的繁殖。同时，良好的土壤结构还能促进土壤中有益微生物的活动，增强土壤的生物活性。

（二）土壤生物群落的调节功能

土壤生物多样性与病害抑制之间存在着正相关关系，生物多样性越高的土壤，对病害的抑制能力越强。高生物多样性的土壤中存在着复杂的微生物群落结构，包括细菌、真菌、放线菌、原生动物等多种类型的微生物，它们之间形成了复杂的相互作用网络。这种复杂的网络结构具有较强的稳定性和抗干扰能力。

四、人为环境因子的调控效应

（一）栽培环境的人工调控

设施环境对病虫害发生具有双重影响，既可能创造有利于病虫害发生的条件，也可能通过人工调控来抑制病虫害的发生。设施栽培的封闭或半封闭环境使得温湿度相对稳定，为一些喜温喜湿的病原菌创造了理想的生存条件，如灰霉病、白粉病等在设施环境中往往比露地发生更为严重。同时，设施环境中缺乏自然的风雨冲刷和紫外线杀菌作用，病原菌孢子容易在空气中积累。

（二）农业措施的生态效应

轮作制度对病虫害循环的阻断作用是农业生态系统中重要的自然调控机制，通过改变作物种类来破坏病虫害的生活史循环。大多数病虫害都具有一定的寄主专一性，只能在特定的寄主植物上完成生活史，轮作能够切断病虫害与其寄主植物的联系，迫使病原菌或害虫在缺乏适宜寄主的情况下自然死亡或迁移。合理的轮作制度还能够改善土壤理化性质，增加土壤有机质含量。

残茬处理与病原菌越冬基数的关系直接影响来年病虫害的发生强度，是病虫害综合防控中的重要环节。许多病原菌能够在作物残茬上越冬或越夏，残茬成为重要的初侵染源。及时清除田间残茬，并进行深埋或焚烧处理，能够有效减少病原菌的越冬基数，降低来年病害的发生风险。

蔬菜病虫害成灾机制与环境驱动因子的研究揭示了病虫害发生发展的内在规律和外在条件，为绿色防控技术的科学实施提供了重要的理论指导。病虫害的成灾过程是一个复杂的生态学现象，涉及多个阶段和多种调控机制的相互作用。环境驱动因子通过直接和间接的方式影响病虫害的发生发展，其中气候因子起主导作用，土壤环境提供基础条件，人为因子具有重要的调控作用。深入理解这些机制和规律，有助于制定更加精准有效的防控策略，通过调控环境条件来预防和控制病虫害的发生，实现蔬菜生产的可持续发展。

第三节　作物抗性机制与诱导抗病性理论

随着绿色农业理念的不断深化与农药使用限制政策的逐步严格，作物自身的抗性机制在蔬菜病虫害绿色防控体系中愈发受到重视。抗性不仅是作物生物性防御的核心屏障，更是构建病虫害生态调控机制的基础。在当代农业生产中，充分理解并科学利用作物的抗病抗虫机制，结合外源诱导物质调控植物免疫响应，已成为降低农药依赖、实现可持续防控的重要理论路径。

一、作物抗性的分类与表达机制

作物对病虫害的抗性可分为天然抗性与获得性抗性两大类。天然抗性主要依赖于作物本身固有的形态结构特征和先天基因型所决定的免疫水平。

在实际的蔬菜育种与防控应用中，天然抗性常通过抗性基因的发掘与导入进行强化，获得性抗性则依赖生物刺激因子或化学诱导剂激活相关路径。两者的协同利用不仅提升作物自身免疫能力，还可减缓病原对抗性种群的适应进程，延长抗性基因的使用寿命。

二、蔬菜常见病虫害的抗性机制研究进展

不同类型的蔬菜在面对应激胁迫时展现出多样化的抗性机

制。茄科蔬菜在遭遇疫霉、枯萎病原侵染时，其根际区域会迅速积累黄酮类与酚类化合物，这些物质不仅具有直接的抗菌效应，还能作为信号分子进一步激活植株的系统性获得抗性。而葫芦科植物在抗白粉病方面，则表现出与气孔控制相关的抗性机制，部分抗性品种在感染早期便能调节气孔关闭与表皮加厚，从而限制病原入侵。

在抗虫性方面，甘蓝、油麦菜等十字花科叶菜类蔬菜主要依赖于芥子油苷类物质的积累与水解酶系统，在遭遇菜青虫等咀嚼式害虫啃食时迅速释放具有毒杀作用的异硫氰酸酯类物质，形成化学防御。近年来的分子研究还发现，转录因子如 WRKY、MYB、ERF 等家族成员在调控蔬菜抗病基因表达中发挥核心作用，尤其是在激素信号如水杨酸（SA）、茉莉酸（JA）与乙烯（ET）交互作用调节下，构成了复杂的免疫网络系统。

三、诱导抗病性理论的基本原理与调控机制

诱导抗病性是一种通过外源刺激或轻度感染引发植物自身防御反应的策略。依据诱导机制的不同，主要包括系统性获得抗性（SAR）与诱导性系统抗性（ISR）两类。SAR 一般由水杨酸信号通路介导，通常在病原感染后启动；ISR 则依赖于植物根系对特定有益微生物的感知，并主要由茉莉酸与乙烯信号介导。

诱导抗病性的核心在于调动作物“预警机制”，使其在未受害前即可处于“防备”状态，提高病原入侵初期的应答速度。诱导物质包括天然来源的生物素（如壳聚糖、寡糖）、微生物发酵产物（如枯草芽孢杆菌代谢物）、植物源信号分子（如甲基茉莉酸酯）等。这些物质通过与植物感受器结合，引发胞内 Ca^{2+} 信号变化，激活 MAPK 信号通路，并最终启动防御基因转录表达。

在应用层面，诱导抗病性技术具有明显的绿色防控优势：一是其对非靶标生物无毒副作用，环境友好；二是可提高作物

整体免疫水平，具备广谱性防控效果；三是可以在不依赖抗性育种的前提下实现防病功能，为常规化学农药的替代提供了可行方案。

四、作物抗性与诱导抗性的协同效应与技术集成

在绿色防控策略中，单一的抗性育种或诱导防御往往难以对抗复杂多变的田间病虫害群落，因而二者的有机融合与技术集成尤为关键。一方面，可选用具有抗性基因的品种作为基础，通过田间施用诱导剂增强其免疫表达，从而建立“双重防线”；另一方面，在抗性基因表达受限的阶段，如苗期或逆境胁迫条件下，诱导抗性可作为重要的补充机制，提高作物整体抗压能力。

近年来，集成型绿色防控模式日趋成熟，如“抗性品种＋诱导剂＋天敌释放＋轮作调控”的多维组合，不仅降低病原侵染与害虫种群基数，更提升了农业系统的生态弹性与稳定性。针对设施栽培等高密度生产模式，通过诱导抗性技术的精准施用，亦可有效缓解病虫害暴发带来的高风险问题，提升绿色防控技术在不同环境下的适应性。

五、诱导抗病性在蔬菜绿色生产中的应用实践

在我国蔬菜主产区，诱导抗病性技术已逐步实现产业化落地，其应用形式主要体现在育苗阶段的诱导处理、生产全过程的防病预警管理，以及特定病虫高发期的集中施用。

从农户角度来看，诱导抗性产品使用门槛低、操作简便，对农药依赖性强的生产主体而言是一种较为理想的“替代起点”。此外，通过建立诱导剂施用与病虫害监测数据联动的管理模型，可进一步提升防控精度，推进诱导抗性应用由经验型向精准型、数字化方向迈进。

作物抗性机制研究将更加依赖多学科交叉融合，诱导抗病性

技术亦将在智能化、精准化和生态化方向不断演进。政策引导、技术推广与标准化管理的协同推进，将为蔬菜绿色防控体系的构建提供坚实保障。唯有在科学理论指导下，构建以植物为中心、以生态为依归的防控模式，才能真正实现农业绿色发展的战略目标。

第四节 综合防治（IPM）与绿色防控的协同关系

在当前农业可持续发展背景下，传统依赖化学农药单一手段的病虫害防控模式面临诸多局限，生态风险与食品安全问题日益凸显。综合防治作为一种集生物、生态、农艺、化学等多手段于一体的系统性病虫害控制策略，强调因地制宜、经济合理、环境友好，其理念与绿色防控技术体系高度契合。两者在发展目标、实施路径与协同机制上具有高度互补性，构成现代农业绿色转型的重要支撑。

一、综合防治（IPM）理念与绿色防控的内在契合性

IPM作为一套系统性、预防性、可调控的防治理论体系，其基本原则包括监测预警、阈值控制、多元干预和生态优化。其核心价值在于通过生物学、生态学与经济学三维综合权衡，选择在特定时间、特定区域内最适合的干预措施，从而在保障作物产量与品质的同时，将化学农药使用降低到最低限度。这一理念与绿色防控中所倡导的“以生态替代化学”“以调控替代杀灭”高度一致。

绿色防控强调在不破坏生态系统稳定性的前提下，运用天然或人工可控手段增强作物抵抗力、削弱病虫发生基础，并优先利用天敌控制、抗病育种、诱杀干扰等生态学措施。这一思路与IPM中“优先选用非化学手段”的原则形成一致的价值导向。因

此，绿色防控可被视为IPM的核心内涵之一，是IPM发展到高级阶段的标志。

二、绿色防控技术在IPM系统中的功能嵌入

在IPM系统内部，绿色防控技术占据重要地位，尤其在基础防治与预防控制阶段，其作用更为突出。

在生物防治方面，绿色防控通过大规模应用天敌昆虫（如赤眼蜂、瓢虫）、昆虫病原真菌（如白僵菌、绿僵菌）和细菌制剂（如枯草芽孢杆菌），替代或减少化学农药的使用频率与浓度；在物理防治方面，通过诱捕灯、粘虫板、防虫网等手段，有效抑制害虫种群的扩张与迁飞。此外，绿色防控还在IPM中的“生态调控”模块中发挥关键作用。通过轮作倒茬、水肥调控、种植结构优化等方式，改变农田微生态系统结构，从根本上削弱病虫害的生物链基础，提升系统稳定性。可见，绿色防控不是IPM的附属工具，而是其生态支撑与实践载体。

三、IPM与绿色防控的协同实施路径

要实现两者有效协同，需建立科学、系统的实施路径。一方面，需以IPM为操作框架，嵌入绿色防控关键技术；另一方面，应推动绿色防控技术与IPM中信息化监测、决策支持系统有机整合，提升防控的精准性与应变能力。

（1）“预警—反应”协同路径　依托智能虫情监测设备与数据模型，提前发现病虫暴发趋势，再根据绿色防控手段进行梯度式响应。

（2）“时空—资源”整合路径　根据作物品种、生育期、病虫害种类与区域生态条件，动态匹配适宜的绿色防控措施，并将其纳入IPM操作方案。如在设施栽培中，基于作物根际微生态数据动态调整微生物农药用量；在露地栽培中，通过调控种植密度与品种组合降低病虫滋生基础，实现防控效率最大化。

(3)“技术—制度”融合路径　推进绿色防控在 IPM 体系内落地，需依赖制度机制支撑。地方农业部门可通过“绿色防控+IPM”一体化服务机制，设立区域技术示范点，开展技术员培训与农户教育，建立从风险评估到综合干预的闭环链条，从而提升两者协同治理的系统化水平。

四、“绿色防控+IPM”模式在蔬菜病虫害治理中的实践路径

在国内多个蔬菜主产区，绿色防控与 IPM 融合实践已取得初步成效。以山东寿光为例，该地区在番茄、黄瓜等经济作物种植中构建“抗性品种+智能监测+诱捕干预+精准生物防治”的全流程 IPM 体系，显著减少了农药使用量，提高了农产品绿色认证通过率。同时，通过数字平台记录各项绿色防控措施与 IPM 环节的施用时效，实现数据可追溯与监管合规，为蔬菜出口与品牌建设提供技术保障。此外，云南曲靖在露地辣椒种植中试点“绿色防控+IPM+合作社”一体化治理机制，通过区域联防联控、统一供药配比、集中释放天敌等措施，提升了防治效率与组织化水平，有效应对大面积病虫害暴发风险。

综合防治（IPM）与绿色防控作为现代农业病虫害管理体系中的两个核心维度，既有理论上的高度一致性，又具技术上的高度互补性。绿色防控不仅丰富了 IPM 手段体系，更强化了其生态功能与可持续性内涵；而 IPM 则为绿色防控提供了系统性、策略化的运行平台与实施路径。两者的协同融合，是实现病虫害有效控制、农业绿色转型与生态系统稳定的必由之路。

第五节　化学农药减量化替代的科学依据

化学农药减量化替代已成为当代农业可持续发展的核心议

题，这一转变不仅源于对传统化学防控模式局限性的深刻认识，更体现了人类对农业生态系统健康发展规律的科学把握。在全球生态文明建设和绿色发展理念指导下，农业农村部制定的《到 2025 年化学农药减量化行动方案》明确提出，推进化学农药减量化是全方位夯实粮食安全根基、加快农业全面绿色转型的必然要求，也是保障农产品质量安全、加强生态文明建设的重要举措[6]。这一政策导向的背后，蕴含着深厚的科学理论基础和丰富的实践经验积累。

一、化学农药使用的生态环境代价

（一）生态毒理学效应与环境污染

化学农药在农业生产中的广泛应用虽然有效控制了病虫害，但其在环境中的归趋和累积过程却带来了严重的生态毒理学问题。农药分子在施用后会通过多种途径进入环境介质，包括直接接触土壤和水体、大气飘移、径流冲刷等，这些过程使得农药残留广泛分布于农田生态系统的各个组分中。研究表明，许多有机氯、有机磷等传统农药具有较强的环境持久性，其半衰期可达数月甚至数年，在土壤、水体和生物体内长期存在，形成了复杂的污染格局。这种环境污染不仅直接威胁生态系统的健康，还通过食物链的生物放大作用，使污染物在高营养级生物体内达到危险浓度[7]。

（二）生物多样性丧失与生态平衡破坏

化学农药的大量使用是导致农业生态系统生物多样性丧失的重要驱动因素，这种影响不仅体现在目标害虫的控制上，更严重的是对非目标生物特别是天敌昆虫和有益微生物的误杀。天敌昆虫作为农业生态系统中重要的生物控制因子，对维持害虫种群的自然平衡发挥着关键作用。然而，大多数化学杀虫剂缺乏足够的选择性，在杀死害虫的同时也会大量杀死天敌昆虫，破坏了天敌与害虫之间的自然平衡关系。研究显示，广谱性杀虫剂的使用可使天敌昆虫的种群密度下降50%～90%，而天敌种群的恢复速度通常远慢于害虫种群，这种不对称的恢复过程往往导致害虫的再度暴发。

二、替代技术的生物学基础与作用机理

（一）生物防治的生态学原理

生物防治技术的核心在于利用自然界中生物之间的相互作用关系来控制有害生物，这一技术的理论基础源于生态学中的种间关系理论和群落生态学原理。在自然生态系统中，不同生物种群之间存在着复杂的相互作用关系，包括捕食、寄生、竞争、互利共生等多种类型，这些相互作用共同维持着生态系统的动态平衡。生物防治正是通过人工引入或增强这些自然的生物控制机制，利用天敌生物对害虫的捕食或寄生作用、利用拮抗微生物对病原菌的竞争或抗生作用，来达到控制有害生物的目的。

（二）植物抗性与诱导防御机制

植物抗性是植物在长期进化过程中形成的抵御病虫害侵袭的内在能力，这种抗性可以分为组成性抗性和诱导性抗性两大类。组成性抗性是指植物本身具有的、不依赖于病虫害刺激而持续存在的防御机制，包括物理屏障（如角质层、细胞壁加厚、表面蜡质等）和化学防御物质（如酚类化合物、萜类化合物、生物碱等）。诱导性抗性则是指植物在受到病虫害攻击或特定信号分子刺激后，通过激活防御基因的表达来增强抗性的动态防御机制。

三、绿色替代技术的效能评价与优势分析

（一）生物农药的环境友好性评估

生物农药作为化学农药的重要替代品，其最显著的优势在

于良好的环境友好性和生态安全性。与化学农药相比，生物农药具有易降解、低残留、低毒性等特点，在环境中的归趋和命运更加符合生态系统的自然循环规律。微生物农药由活体微生物或其代谢产物组成，这些生物活性成分在环境中能够被自然微生物群落快速分解，不会在土壤、水体或生物体内长期积累。植物源农药虽然含有一定的化学成分，但这些成分大多是植物在长期进化过程中形成的天然化合物，具有良好的生物降解性和环境兼容性。

（二）综合防控技术的协同增效机制

综合防控技术体系通过整合生物防治、物理防控、生态调控、化学防治等多种技术手段，形成了多层次、多途径的防控网络，其协同增效机制是实现化学农药减量化的重要保障。这种协同效应主要体现在技术间的互补性、时空配置的合理性、防控效果的稳定性等方面。不同防控技术在作用机理、防控对象、适用条件等方面存在差异，通过科学合理的组合配置，可以实现优势互补、弥补单一技术的不足。

四、减量化替代的经济学依据与实施路径

（一）成本效益分析与经济可行性

化学农药减量化替代的经济可行性分析需要综合考虑直接成本、间接效益和外部性成本等多个经济要素。从直接成本角度看，生物农药和其他替代技术的单位成本通常高于化学农药，这主要是生物农药的生产工艺复杂、保存条件苛刻、货架期较短等因素导致的。然而，这种成本差异正在随着技术进步和规模化生产的发展而逐步缩小。近年来，微生物发酵技术、制剂加工技术、质量控制技术等方面的突破，显著降低了生物农药的生产成本，提高了产品质量和稳定性。

间接经济效益是评价替代技术经济价值的重要指标，主要包

括产品品质提升、市场价格溢价、品牌价值增值等方面。使用生物农药和绿色防控技术生产的农产品，由于农药残留低、品质安全性高，在市场上往往能够获得更高的价格，特别是在有机农产品和绿色食品市场中，这种价格优势更加明显。研究表明，有机蔬菜的市场价格通常比常规蔬菜高20%～50%，绿色食品的价格溢价也在10%～30%之间[8]。

（二）技术推广的制约因素与政策支撑

化学农药减量化替代技术的推广应用面临着多重制约因素，主要包括技术因素、经济因素、社会因素和制度因素等。技术因素方面，替代技术的防控效果稳定性、适用范围广泛性、操作便利性等仍有待进一步提高。许多生物农药对环境条件要求较高，在高温、强光、干旱等不利条件下效果会显著下降；一些物理防控技术的防控谱较窄，难以同时控制多种病虫害。

政策支撑体系的建设是推动化学农药减量化替代的重要保障。财政补贴政策是最直接有效的激励措施，通过对使用生物农药、购买绿色防控设备、参与技术培训等行为给予资金补贴，可以有效降低农民采用替代技术的经济成本。税收优惠政策也是重要的激励手段，通过对生物农药生产企业减免税收、对绿色防控技术研发给予税收抵扣等措施，可以促进替代技术的产业化发展。

化学农药减量化替代的科学依据深深植根于现代生态学、毒理学、经济学和技术创新理论之中，这些理论为构建可持续的农业防控体系提供了坚实的科学基础。从生态环境保护的角度看，减少化学农药使用是维护农业生态系统健康、保护生物多样性、实现人与自然和谐共生的必然选择；从技术发展的角度看，生物防治、物理防控、生态调控等替代技术的日趋成熟为减量化提供了可靠的技术支撑；从经济发展的角度看，绿色农业的市场价值和长期效益日益凸显，为减量化创造了良好的经济条件；从政策制度的角度看，国家对绿色发展的战略部署和政策支持为减量化提供了有力保障。未来，随着科学技术的不断进步、政策制度的日益完善、社会认知的逐步提高，化学农药减量化替代必将成为农业发展的主流趋势，为建设生态文明、实现农业现代化、保障食品安全作出重要贡献。

第二章
蔬菜病虫害诊断与监测技术

第一节　病害症状识别与病原快速鉴定技术

蔬菜生产过程中病害问题频发，给产量和品质带来严重威胁。科学诊断是防控病害的前提与基础。准确识别病害症状和迅速鉴定病原种类，不仅关系到防控措施的精准性和时效性，也直接影响绿色防控体系的执行效果。传统病害诊断依赖于经验判断与形态观察，存在一定主观性和滞后性。随着农业科技的发展，基于分子生物学、图像识别、免疫反应等原理的一系列病原快速检测技术日益成熟，极大提高了田间诊断效率，为病害早发现、早干预、早控制提供了有力支撑。

一、病害症状识别的基本原理与分类方法

蔬菜病害的田间识别首先基于对可视性症状的观察与判断，这是最基础、最直接的病害诊断方式。根据病原类型的不同，病害症状通常表现为叶斑、腐烂、黄化、萎蔫、畸形、变色、坏死等多种形式。常见的病原类型包括真菌、细菌、病毒及类病毒等，不同病原对组织器官的侵染方式和病理特征存在明显差异。

不同生育期的蔬菜对病害反应的可视症状存在差异，苗期病

害多集中于根部或幼叶，如立枯病、猝倒病；成株期病害多集中于叶、茎、果实，如疫病、灰霉病、霜霉病等。因此，系统梳理病害发生的时间窗口、环境背景与症状变化，是提高识别准确率的重要前提。

二、显微形态学与传统病原检测方法

在田间症状初步识别基础上，进一步确认病原需借助显微观察、分离培养等方法。其中，显微观察是识别真菌与细菌类病原的常规手段。通过镜检可观察到病原菌的孢子类型、大小、颜色与分枝方式，结合菌落形态与培养特征可初步判断病原种类。

传统显微与培养手段虽然在诊断早期发挥基础作用，但存在检测周期长、主观误差大、依赖实验条件等缺陷，难以适应现代蔬菜种植对“快速、精准、高通量”病原识别的迫切需求。因此，近年来新型快速鉴定技术的研究与推广日益受到重视。

三、分子生物学技术在病原快速鉴定中的应用

分子检测技术以其高灵敏性、特异性和快速性，已成为现代植物病原检测的重要手段，尤其在绿色防控体系中具有不可替代的作用。常用的分子检测方法包括 PCR（聚合酶链式反应）、qPCR（实时荧光定量 PCR）、LAMP（环介导等温扩增）、RPA（重组酶聚合扩增）以及 DNA 芯片与高通量测序等。

PCR 技术可针对特定病原的保守基因序列进行扩增，适用于实验室常规检测。实时荧光定量 PCR 可实现对病原含量的定量分析，在灰霉病、番茄斑枯病、黄瓜细菌性角斑病等重大病害的早期监测中应用广泛。LAMP 技术操作简便，无需昂贵仪器，反应快速，已被广泛应用于田间快速检测。研究表明，针对病毒性病害如黄化曲叶病毒（TYLCV）、黄瓜花叶病毒

(CMV) 等，其 LAMP 检测技术的灵敏度可达每微克 DNA 中几个拷贝。

四、病原快速鉴定的技术规范与防控对接机制

病原快速鉴定技术的有效应用，依赖于标准化流程与科学管理机制的支撑。从检测样品采集、储运、前处理到结果判读与归档，均应按照统一技术规范执行，以确保数据的准确性与可比性。农业农村部与地方植保机构已陆续出台了《植物病害病原检测技术规程》《植物病原 DNA 快速提取标准》等，为基层技术推广与科研应用提供制度保障。此外，快速鉴定结果的实用价值在于其与后续防控措施的高效对接。一方面，应通过将鉴定结果及时传输至区域病害监测数据库，实现跨区域数据整合与动态分析；另一方面，需建立基于病原种类的绿色防控技术储备库，实现病原-作物-措施的快速匹配。以此为基础，推广“检测—推荐—施治”闭环管理模式，推动绿色防控由“经验驱动”向“数据驱动”转型。

病害症状识别与病原快速鉴定技术作为蔬菜病虫害绿色防控的起点环节，是实现“早发现、早预警、早处置”的关键所在。传统形态观察方法虽为基础手段，但其诊断效率与准确性难以满足现代高效农业发展的需求。基于分子生物学、人工智能、图像识别等多学科交叉融合的新型技术体系，正在重构病害识别与病原诊断的技术边界。

当前，技术的核心挑战不再仅是“能否检测”，而在于“是否高效、是否标准、是否可推广”。因此，需进一步推动检测技术的实用化与区域化适配，构建田间可操作、信息可追溯、管理可集成的病害诊断系统，才能为蔬菜绿色防控提供坚实的数据基础与决策支持。同时，加强检测技术与防控措施的联动机制建设，推动诊断结果向精准干预有效转化，方能实现从病害“发现”到“管控”的真正闭环管理。

第二节 害虫种群动态监测与预警模型

蔬菜病虫害绿色防控的有效实施，离不开对害虫发生发展规律的准确掌握与动态响应。种群动态监测与预警模型作为防控技术系统的先导环节，承担着发现初发虫情、预测暴发趋势、指导干预决策的关键任务。传统“见虫施药”的被动防控方式，已无法满足现代农业对精准、高效和生态安全的防治要求。取而代之的，是基于田间监测、模型分析与智能预警相结合的系统化控制路径。

一、蔬菜害虫种群动态的生态学基础

蔬菜害虫种群的动态变化受生物因素和非生物因素共同驱动，呈现出显著的季节性、周期性与空间分异特征。以常见的甜菜夜蛾、烟粉虱、斑潜蝇为例，其种群密度波动不仅与作物生长发育阶段密切相关，还与温度、湿度、光照、栽培制度以及天敌种群变化等环境因子密切耦合。

害虫的种群发展遵循“繁殖—扩散—密度积累—暴发”过程，其中温度起主导作用，尤其是在设施栽培条件下，温湿度稳定往往导致害虫代数缩短，种群快速增长；而在露地条件下，降雨、风力及植物多样性成为种群调节的重要外部机制。了解其生态学基础，有助于识别关键致灾因子，厘清发生机制，为后续监测和模型构建提供参数依据。

二、害虫监测技术的类型与发展趋势

害虫监测是预警模型构建的基础数据来源，其准确性、连续性与代表性直接影响模型预测效果。当前蔬菜害虫的监测方法主要包括物理诱捕、人工调查和自动化传感三类。

基于传感器与信息技术的自动化监测设备得到快速发展，如图像识别型智能诱捕仪、雷达成像监测仪、远程温湿光参数采集系统等，这些装置可实现虫情的实时采集与远程传输，为害虫动态建模提供了连续、标准、高质量的数据支持。其结合 GIS 与大数据平台，可实现害虫空间分布可视化及区域性扩散预测，为绿色防控的区域协同与精准施策提供保障。

三、种群动态模型的构建原理与方法

种群动态模型是通过数学工具对害虫数量随时间和环境变化的规律进行刻画和预测的一种理论结构。常用模型类型包括统计回归模型、种群生态模型与机器学习模型三大类。统计回归模型依托历史虫情与环境数据，建立害虫数量与温度、湿度、光照等气象因子的函数关系。

随着大数据与人工智能的发展，机器学习模型在虫情预测中崭露头角。如随机森林、支持向量机（SVM）、LSTM 神经网络等，能在多变量复杂输入下提取非线性规律，提升预测精度。研究表明，LSTM 模型在多时序气象条件下可提前 5～7 天准确预测番茄潜叶蝇种群暴发节点，为精准用药与诱控提供科学支撑。

四、智能预警系统的建设路径与应用机制

为了推动害虫种群动态监测与预警模型在蔬菜绿色防控体系中的广泛应用，必须构建以“数据感知—模型支撑—服务输出”为核心架构的智能预警系统。这一系统应具备五个基本要素：高质量的虫情数据获取平台、模型集成计算模块、多因子气象环境接口、风险评估与响应模块，以及面向用户的可视化应用终端。

预警响应机制应包括虫情分级判定、干预时机评估与防控措施推荐等功能。基于模型结果，系统可自动推送“绿色防控方案包”，涵盖生物防治剂选择、释放时间、诱控装置布设点位等内

容，降低一线操作难度。此外，系统应支持历史虫情趋势分析与区域对比分析，为农业主管部门提供科学依据。

蔬菜病虫害的绿色防控不是孤立的干预行为，而是建立在系统预测、科学管理和生态调控基础上的全过程策略体系。害虫种群动态监测与预警模型作为绿色防控的前端核心工具，能够实现对害虫发生规律的精准把握与干预时机的科学判断，为“少施药、不施药、施对药”提供强有力的数据支持和策略引导。

从生态理论到应用实践，监测与预警模型的发展经历了从经验判断向数学建模、从单因子分析向多源数据融合、从静态描述向动态预测的转变。当前，随着智能感知技术、人工智能算法与大数据平台的融合推进，害虫预警系统正在加速向数字化、智能化、平台化方向演进。

第三节　分子检测与高通量测序技术应用

分子检测与高通量测序技术作为现代生物技术的重要组成部分，在蔬菜病虫害诊断与监测领域发挥着日益重要的作用。随着分子生物学技术的快速发展和测序成本的大幅降低，这些技术已从实验室研究工具转变为实用的诊断手段，为蔬菜病虫害的精准识别、早期预警和科学防控提供了强有力的技术支撑。

一、分子检测技术的理论基础与技术原理

（一）核酸扩增技术的分子机制

聚合酶链式反应（PCR）技术作为分子检测的核心技术，其基本原理是利用 DNA 聚合酶在体外条件下对特定 DNA 片段进行指数级扩增。PCR 反应主要包括变性、退火和延伸三个基本步骤，通过反复循环这三个步骤，可以在短时间内将目标 DNA

片段扩增数百万倍，从而实现对微量病原体的高灵敏度检测。

（二）等温扩增技术的创新发展

环介导等温扩增（LAMP）技术是近年来发展起来的新型核酸扩增技术，其最大特点是能够在恒定温度条件下进行DNA扩增，无需复杂的温度循环设备。LAMP技术使用4～6条特异性引物识别目标序列上的6～8个不同区域，通过链置换DNA聚合酶的作用形成具有环状结构的扩增产物。这种技术具有特异性强、灵敏度高、反应速度快等优点，通常在60～65℃恒温条件下30～60分钟即可完成检测，特别适合现场快速检测和基层应用。在蔬菜病害检测中，LAMP技术已成功应用于青枯病菌、疫霉菌、镰刀菌等多种重要病原菌的检测，显示出良好的应用前景[9]。

二、高通量测序技术在病虫害检测中的应用

（一）宏基因组测序技术的应用机制

宏基因组高通量测序（mNGS）技术通过对样本中所有微生物的遗传物质进行无偏向性测序，能够同时检测和识别样本中存在的所有微生物，包括细菌、真菌、病毒和其他微生物。这种技术的核心优势在于其无偏向性和全面性，不需要预先了解可能存在的病原体种类，就能够发现样本中的所有微生物组成。在蔬菜病虫害检测中，mNGS技术特别适用于病因不明的新发病害诊断、复合感染的全面分析和病原微生物群落结构的研究。

（二）靶向测序技术的精准检测

靶向高通量测序（tNGS）技术通过特异性富集目标基因区域进行测序，在保持高通量检测能力的同时提高了检测的特异性和经济性。与全基因组测序相比，靶向测序能够以更低的成本获得更高的测序深度，从而提高低丰度病原体的检测灵敏度。在蔬

菜病虫害检测中，靶向测序主要用于特定病原体的精准识别、抗性基因的检测和病原体变异的监测。

三、分子检测技术在蔬菜病虫害诊断中的实践应用

（一）病原真菌的分子检测技术体系

真菌性病害是蔬菜生产中最常见和最重要的病害类型，其分子检测技术体系的建立对于病害的准确诊断和有效防控具有重要意义。病原真菌的分子检测主要基于 rRNA 基因、蛋白质编码基因和特异性重复序列等分子标记进行。其中，ITS 区域因其进化速率适中、种间差异明显而成为真菌分子鉴定的标准条形码序列。

（二）细菌性病害的分子诊断技术

植物病原细菌的分子检测主要基于 16S rRNA 基因、管家基因和毒力基因等分子标记进行。16S rRNA 基因因其在细菌中普遍存在且进化相对保守，常用于细菌的系统发育分析和种属鉴定。然而，对于亲缘关系较近的细菌种类，16S rRNA 基因的分辨率有限，需要结合其他分子标记进行精确鉴定。

基于毒力基因的检测方法能够直接检测病原细菌的致病能力，对于病害的风险评估和防治策略制定具有重要意义。

四、技术集成与标准化发展趋势

（一）多技术平台的集成应用

随着分子检测技术的不断发展和完善，单一技术平台已难以满足复杂病虫害诊断的需求，多技术平台的集成应用成为发展趋势。技术集成的核心思想是充分发挥不同技术的优势，通过合理的技术组合实现优势互补，提高诊断的准确性、全面性和效率。

分子检测技术的组合应用策略主要包括分层检测、并行检测和序贯检测等模式。分层检测是根据检测目的和样本特点，选择

不同灵敏度和特异性的技术进行分层筛查，先用高通量、低成本的方法进行初筛，再用高精度、高成本的方法进行确证。并行检测是同时使用多种技术对同一样本进行检测，通过结果的相互验证提高诊断的可靠性。

（二）现场快速检测技术的发展

现场快速检测技术的发展是分子检测技术应用的重要方向，其核心目标是实现检测设备的便携化、检测流程的简化和检测时间的缩短。便携式 PCR 仪、手持式荧光检测仪、智能手机检测平台等新型检测设备的出现，为现场快速检测提供了硬件支撑。

微流控技术在现场快速检测中发挥着重要作用，通过将样本预处理、核酸扩增、产物检测等步骤集成在微流控芯片上，实现了检测流程的自动化和微型化。基于微流控技术的检测系统具有样本用量少、反应时间短、污染风险低等优点，特别适合现场快速检测的需求。

分子检测与高通量测序技术在蔬菜病虫害诊断与监测中的应用代表了现代植物保护技术的重要发展方向。这些技术不仅为病虫害的精准诊断提供了强有力的技术手段，更为病害的早期预警、防控策略的科学制定和绿色防控技术的发展奠定了坚实基础。随着技术的不断进步和成本的持续降低，分子检测技术将在蔬菜病虫害防控中发挥越来越重要的作用，推动植物保护向精准化、智能化、标准化方向发展。未来，技术集成、标准化建设、产业化应用将成为分子检测技术发展的重点方向，为构建现代化的蔬菜病虫害防控技术体系提供重要支撑。

第四节 遥感与物联网在田间监测中的实践

在蔬菜病虫害绿色防控技术日趋精准化与系统化的背景下，

传统人工巡田与虫情目测方法已难以满足高效、实时、大范围监测的要求。遥感技术与物联网技术作为现代农业信息化发展的核心支柱，正逐步融入病虫害监测系统之中，推动病虫情报采集从“人工经验型”向“数据驱动型”转变。遥感技术通过对植株光谱特征、地面温湿信息的捕捉，实现病虫害宏观预警；物联网则通过传感器网络实现田间微环境与害虫行为的实时感知与数据共享，两者协同应用形成“天—空—地—网”一体化监测格局。

一、遥感技术在病虫害监测中的原理与优势

遥感技术是利用航空器、卫星或地面平台获取地物电磁波反射信息，并通过影像处理和图谱分析，对地表特征进行识别与分类的一种技术手段。其在病虫害监测中的应用，主要通过识别植株光谱响应变化，判断病害斑块扩展、虫害造成的叶色异变、植株长势异常等。

在作物病害早期，叶绿素降解、蒸腾调节异常往往引发叶片反射率在红光和近红外波段的差异，这一光谱变化成为遥感判别病害的关键依据。

二、物联网在田间虫情监测中的关键应用

物联网技术通过传感器设备、数据传输网络与终端平台，实现作物生产全过程的信息采集、处理与反馈闭环。在病虫害监测中，物联网的核心价值体现在对害虫活动、植物状态和环境参数的实时感知与远程控制能力。

当前，常用于病虫害监测的物联网设备主要包括环境传感器（温度、湿度、光照、土壤水分）、虫情自动诱捕仪、图像采集与识别终端等。这些设备可部署在温室、大棚或露地种植基地，形成高密度数据采集网络，实现虫情全天候、非破坏性、标准化监测。以智能虫情诱捕仪为例，该装置集成性诱剂、LED灯诱光、高清摄像头与图像识别算法，能够自动识别目标害虫（如斑潜

蝇、白粉虱、小菜蛾）种类与数量，并将数据实时上传至云平台。通过算法分析种群密度变化趋势，系统可自动判断是否达到干预阈值，触发远程预警。

三、“遥感+物联网”协同应用的技术集成路径

遥感侧重于宏观尺度、上空视角的信息获取，适合进行区域虫情的普查与分析；物联网则重在田间微观尺度的精细化感知，能对具体地块或作物进行连续监测。两者的协同集成可形成多尺度、多平台、多因子融合的全景式监测网络。

在多时空尺度上构建统一数据模型平台，打通遥感数据（影像、光谱、热图）与物联网数据（虫口密度、温湿参数、图像识别结果）之间的接口，是实现系统互联的关键。借助 GIS 空间分析与 AI 建模技术，可将“遥感宏图—物联细节—模型预测”融合成一体化监测与决策系统，进一步提高绿色防控的科学性与响应性。

四、系统集成面临的挑战与对策建议

尽管遥感与物联网在病虫害监测中的技术成熟度不断提升，但在实际推广过程中，仍面临一系列挑战与制约因素，主要体现在技术适配性、运维成本、数据互通与农户接受程度等方面。

（1）技术适配性问题突出　蔬菜作物种类多样、生育期变化快、病虫害谱广，不同地区的植被背景、种植模式与管理方式差异显著，导致遥感模型与物联网监测算法的泛化能力存在局限。应加强本地化数据采集与算法训练，构建多品类、多区域、多病虫种的解译数据库与特征参数库。

（2）运维成本仍是制约大面积推广的主要因素　高精度遥感设备与智能传感终端价格仍偏高，中小农户或边远地区合作社在前期投入和后期维护上面临较大压力。建议通过财政补贴、合作社共建、服务外包等机制，降低农户技术门槛与资金门槛。

（3）数据标准化与互联互通问题尚待解决　目前遥感平台与物联网系统间的数据接口不统一，数据格式不兼容，难以形成跨系统的数据闭环与联合建模。需推进农业信息化标准建设，制定统一的数据采集、交换与可视化规范，实现多源数据的无缝整合与业务协同。

（4）农户的技术认知与使用意愿仍是决定技术“落地”的关键环节　应加强对基层农技人员与种植大户的信息素养培训，推广“遥感＋物联网”绿色防控技术示范区建设，以“可看、可学、可用”的方式带动农户自主参与和认同。

遥感与物联网技术的深度融合，正在推动蔬菜病虫害防控进入数字化、智能化、精细化的新阶段。从大田视角到田间微观，从定期监测到实时感知，从经验判断到数据驱动，这一转变不仅提升了防控效率，更为绿色农业的高质量发展注入了坚实动能。

遥感技术赋予病虫害宏观普查与趋势预测能力，物联网技术则实现田间“千里眼”与“耳聪目明”，两者协同构建的监测体系，不仅是防控技术的支撑，更是农业生产方式转型的重要标志。在国家政策鼓励数字农业、智慧农业建设的背景下，“遥感＋物联网”的融合路径将持续拓展其在绿色防控中的战略空间。

未来，应进一步加强软硬件集成创新、区域技术试点示范与平台机制建设，推动技术链、产业链、服务链三位一体协同发力，实现从“信息感知”向“智能决策”的跨越式发展。唯有如此，方可真正构建起科学高效、绿色低碳、安全可控的现代病虫害监测与防控体系。

第五节　社区参与式监测网络构建

在推动蔬菜病虫害绿色防控由被动应对向主动预警、由单点防治向群体协同转型的过程中，基层监测体系的完善显得尤为关键。随着数字农业和信息技术的快速发展，虽然遥感、物联网等高精尖工具显著提升了监测效率与精度，但由于我国农业经营组织以中小型种植户为主体，信息孤岛、响应滞后和技术断层等问题依然存在。因此，构建“以农户为核心、以社区为单元、以协同为机制”的社区参与式监测网络，不仅是补齐田间末梢信息感知能力的重要举措，更是实现绿色防控技术可持续落地的重要保障。

一、社区参与式监测的理论基础与现实需求

社区参与式监测源于可持续发展和协同治理理论，其核心理念是鼓励利益相关方在共享信息、共担责任、共议问题的基础上参与生态环境与资源管理。将该理念引入蔬菜病虫害监测领域，体现为基层农户、农业合作社、地方植保机构与科研单位共同参与虫情数据的采集、分析与反馈，实现病虫信息的共建、共管与共享。

蔬菜病虫害发生具有显著的区域性和时序性特征，微生态系统之间的相互关联决定了个体农户的病虫情变化往往与周边种植区高度相关。而传统“单点发现、单户防治”的模式，易导致信息闭塞、防控失效甚至造成农药使用过度等连锁反应。因此，建立社区为基础单元的病虫害信息协同网络，有助于在更大空间尺度上实现病虫情联防联控，有效弥补单点治理的局限。

二、社区参与式监测网络的组织结构与运行机制

构建高效的社区参与式监测网络，首要在于明确其组织结构。通常可分为四个层级：第一层为村级监测点，由种植大户、技术骨干或乡土专家组成核心志愿者团队，负责田间病虫情的初步记录与信息上报；第二层为镇级协作组，主要由农技人员与合作社技术员组成，负责对接村级数据、进行初筛与技术判定；第三层为县级协调中心，统筹平台运行、专家支持与应急响应；第

四层为市级或区域级信息平台，整合多源数据，实现虫情动态可视化、风险等级划分与防控策略发布。

在运行机制方面，社区监测网络需设立标准化作业流程。包括“例行观察—数据上报—技术审核—结果反馈—联防建议”等五个环节。为提高效率，可开发配套的手机应用程序或短信服务平台，实现实时图文上传、语音播报与图谱比对等功能，使非专业农户也能便捷完成监测操作。此外，应设立“虫情议事日”制度，每周由村组代表、技术员与联络专家集中评估本周虫情发展趋势与防控建议，形成正式记录，上传平台归档。通过将虫情监测纳入社区日常议程，提升农户参与的仪式感与组织性，使防控行动从“外部指令”变为“内生动力”。

三、技术工具与能力建设的支撑体系

社区参与式监测网络的有效运行，离不开相应技术工具与能力建设体系的支撑。首先，在工具配备方面，应为农户与志愿者配置便携式病虫图谱册、识别卡片、手持放大镜、温湿度计等基础工具，并根据本地主要病虫种类配置二维码识别系统与语音提示 APP，降低非专业人群误判率。其次，建立定期轮训制度和技术赋能机制至关重要。建议每季度由县级农技推广中心组织一次村级监测人员集中培训，内容包括病虫识别技能、手机信息填报操作、防控建议解读等。培训过程中可采用“以老带新”“以案代训”“现场实习”等形式，提高学习效率与应用转化率。同时，建立专业支持队伍和远程专家服务体系，解决监测过程中疑难虫情判别问题。通过热线服务、视频问诊、远程图像识别等方式，形成“农户报告—系统甄别—专家判定”的快速诊断机制，为基层提供及时、精准的技术保障。

四、监测数据平台建设与激励机制设计

社区参与式监测网络的稳定运行不仅依赖于组织架构和技术

工具，更需要完善的信息管理平台和有效的激励机制予以支撑。平台的建设与激励制度的设计决定了该系统能否实现长效运作与可持续发展。

在数据平台建设方面，应构建“村级采集—县级审核—市级发布”的分级数据管理体系。平台应具备信息录入、图像上传、虫情分级判定、趋势分析、数据可视化、预警推送等核心功能，支持移动终端与PC端的互通互联。为保证数据质量，系统应内置数据校验机制，对虫种名称、发生程度、空间位置等关键字段进行格式审查与逻辑比对，防止重复上报与错误记录。

在数字化、平台化农业快速发展的背景下，社区监测网络将不再是“应急式协作”，而应成为常态化的基层生态治理模式。其价值不仅体现在信息收集与风险预警上，更在于凝聚起农民主体性与科技服务之间的有效桥梁，构建起基于信任、共享与共治的农村信息生态系统。

社区参与式监测模式需在体制机制、能力建设与资源统筹上不断深化：要推进政府引导与农民自治的有效结合，推动“线上平台＋线下组织”的融合发展；要加强对农民信息素养和数字技能的长期培育，建立农村技术人才成长机制；要探索与市场、保险、信用体系的深度融合，使虫情监测成果真正转化为农民的收益保障和绿色农业的核心资产。

第三章
农业生态调控技术体系

第一节　抗性品种选育与遗传多样性利用

在绿色农业深入推进与蔬菜病虫害防控理念不断升级的背景下，如何从源头增强作物的抗病虫能力，成为绿色防控体系构建的关键课题。抗性品种的选育与推广，既是减少农药使用、保障农产品质量安全的基础性工程，也是农业生态系统稳定运行的重要内在因素。利用蔬菜作物种内与种间的遗传多样性，筛选、评价和开发优良抗性基因资源，构建高效、稳定、广谱的抗性基因组合，已成为实现绿色防控“治未病”战略目标的核心路径。

一、蔬菜抗性育种的理论基础与技术路径

蔬菜作物的抗性育种，是指通过人工选择或生物技术手段，将自然种质或外源基因中的抗病虫优良性状导入目标品种，以提高其对病原或害虫的防御能力。依据抗性来源与形成机制的不同，可分为垂直抗性和水平抗性。前者表现为对特定病原种群的完全抗性，通常由主效基因控制，选择效率高但易丧失抗性；后者则由多个小效基因控制，抗性稳定但改良周期长。

传统抗性育种主要采用系统选育法、回交法、杂交后代选择等方式，以田间自然诱发或人工接种为筛选手段，成本低、遗传

背景稳定，仍是目前商业蔬菜品种育种中的主要方法之一。近年来，随着分子生物学与遗传工程的发展，分子标记辅助选择(MAS)、全基因组关联分析（GWAS)、转基因与基因编辑技术逐步应用于抗性品种培育，大大提升了育种效率与精准性。

二、遗传多样性的保护与抗性资源挖掘机制

蔬菜病虫害抗性资源的开发基础是遗传多样性的系统保护与科学挖掘。我国蔬菜种质资源丰富，具有野生种、地方品种、育成品种等多层次基因库，但当前种质资源面临流失速度加快、表型缺失、抗性谱不清等问题，亟需通过科学保护与精准鉴定实现资源潜能的有效释放。

加强原生地、野生生境与农家品种的就地保护，是维护种质多样性的首要环节。以茄科、葫芦科等为例，其野生种群在边远山区常携带天然抗性基因，如对病毒病、疫病、小菜蛾等的天然屏障能力。通过开展原位调查与分子谱系分析，可构建系统的抗性资源数据库，并形成与生态位关联的抗性分布图谱。

三、抗性品种在绿色防控体系中的协同功能

抗性品种在蔬菜病虫害绿色防控中不仅是一种“生物屏障”，更是整合生物防治、农艺调控、生态管理的核心纽带。与传统防控依赖外源干预不同，抗性品种可通过内在遗传机制持续抑制病原扩散和虫害扩繁，为“少施药、不施药”提供前提条件。其协同功能体现在以下三个方面：

（1）与生物防治的互补作用　抗性品种可显著减缓害虫种群增长速度，减少天敌资源的过早耗散，使释放天敌（如赤眼蜂、瓢虫）或微生物农药（如绿僵菌、枯草芽孢杆菌）具有更好的控制基础。在一些设施栽培模式中，选用中抗白粉病的黄瓜品种可有效降低生物防治压力，延长有效期。

（2）与农艺管理的联动机制　抗性品种在种植布局、播种密

度、轮作配置等方面具有更强的适应性与弹性。通过科学搭配种植制度，如与诱导抗性剂、生物覆盖物、行间诱集作物等手段协同，能够构建复杂多样的田间生态调控格局，提升整个系统的防控稳定性。

（3）与监测预警系统的配合使用　在构建虫情数据模型与预警系统时，可将抗性品种的种植比例、分布位置等信息纳入分析维度，有助于提高预警模型的准确性与适应性。

抗性品种作为绿色防控的“基因支点”，其价值不仅在于降低病虫害损失，更在于重构病虫防控的逻辑路径，从“后期治理”走向“前端阻截”，构建以品种为核心的防控协同生态。

四、推动抗性育种与多样性利用的战略建议

尽管抗性品种在实践中成效显著，但其选育应用仍面临着种质资源碎片化、育种周期过长、抗性丧失风险大等现实挑战。因此，推动抗性育种与遗传多样性高效利用，必须从政策、科技、机制三个层面系统发力：

（1）加强基础研究与技术储备　建议国家和地方农业科研部门加大对蔬菜病虫害抗性机制基础研究的投入，重点突破抗性基因定位与功能解析技术瓶颈，推动分子育种平台建设，培育一批核心抗性育种人才队伍。

（2）构建多元协作的育种体系　鼓励科研单位、高校与种业企业协同育种，形成“资源共享—任务分工—成果转化”一体化机制，避免低水平重复与封闭性竞争。推广“育繁推一体化”企业模式，缩短从抗源发掘到商业化品种推广的技术链条。

（3）完善种质资源保护与评估机制　建立国家级蔬菜抗性种质资源库与动态更新机制，对野生种、地方品种进行系统收集与数字化档案管理。同步开展抗性资源“安全性评估—利用潜力分析—适应性筛选”，形成科学、高效的资源利用规范。

（4）强化品种推广与应用服务能力　建立抗性品种分区适应

性评价制度和绿色防控技术配套标准体系，推动优质品种在高发病区优先应用。通过基层农技推广体系，开展品种识别、栽培配套技术与抗性退化监测培训，提高农户识别与管理能力。

（5）完善抗性品种风险评估与更新机制　针对当前部分主推品种“抗性失效”“抗虫不抗病”等现象，建立以病虫群体演化监测为基础的品种更新预警机制，形成“动态筛选—及时替换”的良性更新路径。

在现代农业绿色转型的进程中，抗性育种已不再是单一的技术行为，而是嵌入农业种业振兴、农田生态重构、绿色农产品保障等多重战略目标中的核心工程。其效能不仅取决于单一抗性品种的培育质量，更取决于多样化基因资源的统筹管理与系统配置能力。

未来，抗性资源的系统整合、品种技术的精准导入、农户与市场的双向激励将成为推进绿色防控体系构建的基本路径。唯有在理论支撑、科技驱动与制度保障三位一体的机制下，才能实现以品种为起点、以系统协同为支撑、以生态安全为目标的绿色防控长效格局。

第二节　轮作间作与土壤健康管理策略

轮作间作与土壤健康管理作为农业生态调控技术体系的核心组成部分，在蔬菜病虫害绿色防控中发挥着基础性和战略性作用。随着现代农业向可持续发展方向转型，传统的单一作物连作模式所带来的土壤退化、病虫害加重、生物多样性丧失等问题日益凸显，迫切需要通过科学的轮作间作制度和系统的土壤健康管理来重构农业生态系统的稳定性和可持续性。轮作间作技术通过合理配置不同作物的时空关系，能够有效打破病虫害的生活史循环，改善土壤微生态环境，提升农田生物多样性，从而实现病虫害的生态调控。

一、轮作间作的生态学基础与病虫害防控机理

（一）轮作制度的生态学原理

作为一种古老而科学的农业技术，轮作制度的生态学原理建立在生态系统多样性、稳定性和可持续性的理论基础之上。从生态学角度来看，轮作通过在时间维度上改变作物种类，能够有效调节农田生态系统的结构和功能，维持生态平衡。不同作物具有不同的根系形态、分泌物组成、营养需求和生长特性，这种差异性为农田生态系统提供了丰富的生态位，有利于生物多样性的维持和生态功能的发挥。轮作制度通过改变作物根际微环境，影响土壤微生物群落的组成和结构，促进有益微生物的繁殖，抑制病原微生物的积累，从而实现土壤生态系统的自我调节和修复。

（二）间作系统的生物互作机制

间作系统作为一种在空间维度上实现作物多样化的栽培模式，其生物互作机制更加复杂和多样。间作系统中的种间关系主要包括竞争、互补、化感和共生等多种类型，这些关系的相互作用决定了间作系统的生态功能和防控效果。种间竞争主要表现在对光照、水分、养分和空间等资源的争夺上，合理的间作配置能够将竞争转化为互补，实现资源的高效利用。

二、土壤健康评价体系与管理目标

（一）土壤健康的综合评价指标

土壤健康作为土壤质量的综合体现，需要通过多维度、多层次的指标体系进行科学评价。现代土壤健康评价体系通常包括物理、化学和生物三大类指标，这些指标相互关联、相互影响，共同反映土壤的健康状况。物理指标主要包括土壤容重、孔隙度、团聚体稳定性、渗透性等，这些指标反映了土壤的结构特征和物

理功能。化学指标主要包括土壤 pH 值、有机质含量、养分状况、重金属含量等，这些指标反映了土壤的化学性质和肥力水平。生物指标主要包括微生物生物量、酶活性、呼吸强度、生物多样性等，这些指标反映了土壤的生物活性和生态功能。

（二）基于土壤健康的管理目标制定

基于土壤健康的管理目标制定需要综合考虑土壤的现状、作物的需求、环境的约束和可持续发展的要求。土壤质量提升的阶段性目标应当根据土壤的初始状况和改良潜力来确定，通常分为短期目标（1～3 年）、中期目标（3～5 年）和长期目标（5～10 年）。短期目标主要针对土壤的急性问题，如土壤酸化、盐渍化、板结等，通过施用改良剂、增加有机物投入等措施快速改善土壤状况[10]。中期目标主要针对土壤结构和肥力的提升，通过合理轮作、科学施肥、生物改良等措施逐步提高土壤质量。

三、轮作间作模式设计与优化策略

（一）蔬菜轮作制度的设计原则

蔬菜轮作制度的设计需要遵循科学的原则，综合考虑作物的生物学特性、病虫害发生规律、土壤条件和经济效益等多个因素。作物科属搭配是轮作设计的基础原则，不同科属的作物在病虫害、营养需求、根系特征等方面存在显著差异，合理搭配能够有效避免连作障碍。一般来说，应当避免同科作物连续种植，优先选择不同科属的作物进行轮作。十字花科蔬菜（白菜、萝卜、甘蓝等）不宜与同科作物连作，可与茄科（番茄、茄子、辣椒）、豆科（豇豆、菜豆、豌豆）、葫芦科（黄瓜、冬瓜、南瓜）等作物轮作[11]。

（二）间作模式的空间配置与时间安排

间作模式的空间配置需要根据不同作物的生长特性和相互关

系进行科学设计。主副作物的选择与搭配是间作成功的关键，主作物通常选择经济价值较高、市场需求较大的蔬菜作物，副作物则选择具有特殊功能的作物，如驱虫植物、固氮植物、改土植物等。在作物搭配上，应当遵循互补性原则，选择在光照需求、根系分布、营养需求等方面具有互补性的作物。

四、土壤健康管理的技术措施与实施路径

（一）有机物质管理与土壤改良

有机物质管理是土壤健康管理的核心内容，通过增加土壤有机质含量能够显著改善土壤的物理、化学和生物性质。有机肥料的科学施用是有机物质管理的重要措施，包括畜禽粪便、堆肥、沼渣、生物有机肥等多种类型。在有机肥料的选择上，应当根据土壤条件、作物需求和肥料特性进行科学配比，确保养分供应的平衡性和持续性。有机肥料的施用量应当根据土壤有机质含量、作物需肥量和肥料养分含量进行计算，一般每亩施用量为 2～5 吨。

绿肥作物的选择与利用是提高土壤有机质含量的有效途径。绿肥作物不仅能够为土壤提供有机物质，还能够改善土壤结构，增加土壤生物活性。常用的绿肥作物包括豆科绿肥（如紫云英、苕子、田菁等）和非豆科绿肥（如黑麦草、燕麦、油菜等）。豆科绿肥具有固氮功能，能够为土壤提供氮素；非豆科绿肥具有较强的覆盖能力，能够有效抑制杂草生长。

（二）土壤生物活性提升技术

微生物菌剂的应用是提升土壤生物活性的重要技术手段。微生物菌剂包括细菌菌剂、真菌菌剂、复合菌剂等多种类型，具有改善土壤微生物群落结构、促进养分转化、抑制病原菌等多种功能。在菌剂选择上，应当根据土壤条件和作物需求选择合适的菌种，如根瘤菌、解磷菌、解钾菌、拮抗菌等。菌剂的施用方式包

括土壤施用、种子包衣、根部灌注等，施用时间通常在作物播种或移栽时进行。

土壤酶活性的激活措施是提升土壤生物功能的重要途径。土壤酶活性与土壤有机质含量、微生物活性、土壤理化性质等密切相关。通过增加有机物质投入、改善土壤理化性质、调节土壤pH值等措施能够有效提高土壤酶活性。某些植物根系分泌物和微生物代谢产物也具有激活土壤酶活性的作用。

轮作、间作与土壤健康管理策略作为农业生态调控技术体系的重要组成部分，在蔬菜病虫害绿色防控中发挥着不可替代的作用。通过科学的轮作制度设计和合理的间作模式配置，能够有效打破病虫害的生活史循环，改善农田生态环境，提升生物多样性。通过系统的土壤健康管理，能够维护和提升土壤的生态功能，为作物生长提供良好的根际环境，增强作物的抗病虫能力。这些技术措施的综合应用，不仅能够实现病虫害的有效防控，还能够促进农业的可持续发展，为构建现代化的绿色防控技术体系奠定坚实基础。未来，随着农业科技的不断进步和生态农业理念的深入推广，轮作间作与土壤健康管理技术将在精准化、智能化、标准化方向上取得新的突破，为实现农业高质量发展和生态文明建设做出更大贡献。

第三节 水肥一体化与病虫害协同防控

在蔬菜绿色生产体系日益注重生态调控与减药控害的背景下，水肥一体化技术因其精准高效、资源节约和环境友好等优势，被广泛应用于现代农业管理之中。值得关注的是，水肥一体化不仅是节水节肥的管理工具，更在病虫害发生调控中发挥着潜在的协同防控作用。合理的水肥供应能够增强作物自身免疫力，改善根际微生态，调控害虫取食行为与病原传播路径，成为构建绿色防控体系的重要组成部分。

一、水肥管理与病虫害发生之间的关联机制

蔬菜病虫害的发生发展受作物营养状况、田间湿度、土壤结构和微生物群落等因素综合影响。水肥一体化作为影响这些因素的关键管理手段，其调控效应可通过三个方面间接实现病虫害的生态抑制。

(1) 水肥状态直接影响作物的抗逆性　养分供应过量或失衡易导致组织细胞膨大、细胞壁变薄，降低物理防御强度；反之，适量控制氮肥输入、增加钾钙等营养元素，则可增强组织韧性和抗病虫酚类物质的积累。

(2) 灌溉模式直接影响病原传播与虫害适生环境　传统漫灌方式易形成高湿环境，加剧霜霉病、疫病等卵菌类病害的流行；而水肥一体化通过滴灌、渗灌等方式控制表层湿度，能有效抑制病原孢子的萌发与传播。同样，高湿环境也有利于粉虱、潜叶蝇等虫害种群密度上升，调节水分供给节奏可间接控制其发生态势。

(3) 水肥供给影响土壤微生态系统稳定性　长期偏施氮肥或水分供应不均易造成根区微生物群落失衡、促进病原菌繁殖。水肥一体化通过均衡供给、精准控制渗透压，有助于维持根际环境稳定，提升有益微生物的竞争优势，间接抑制枯萎病、立枯病等土传病害。

二、基于水肥调控的蔬菜病虫害协同管理策略

水肥一体化的协同防控价值，关键在于通过科学设计灌溉制度与施肥结构，实现生物、化学、生态多重调控目标的协同统一。具体可从以下三个策略维度加以实践。

(1) 优化水肥配比结构，实现“以养代控”　研究发现，适当提高磷钾比例、控制速效氮释放速度，可降低植物对病原菌的

感应强度，增强系统获得抗性。对于叶菜类蔬菜，可在发病高风险期适量追加镁钙肥与微量元素，强化光合能力与抗性酚类合成，从而延缓病斑扩展与虫害取食频率。

（2）分期分区精准灌溉，破坏病虫适生环境　通过设置灌溉分区，根据不同生育期的水分需求进行差异供水，如在病害易感期减少叶面湿润程度，在虫害高发期提高根系吸水效率，控制生长势与虫体喜好目标的一致性。特别是在设施栽培中，可结合环境传感技术设定叶面露点阈值，避免人工高湿操作诱发病害。

（3）与诱控、生防技术协同集成　在水肥输送管网中引入水溶性诱导剂、生物菌剂或植物源农药，实现水肥与防控药物的协同递送，可进一步提升系统抗性。如在辣椒栽培中结合枯草芽孢杆菌与复合钙肥，通过水肥同灌技术控制根腐病和粉虱的协同发生。

三、智能水肥系统在绿色防控中的融合应用

随着智能农业技术的发展，数字化水肥系统逐渐成为蔬菜绿色生产的重要工具。依托精准传感、远程控制与大数据分析能力，智能水肥系统在病虫害协同防控中展现出更强的适应性和响应性，推动绿色农业迈向精细化管理阶段。

（1）智能水肥系统通过环境监测与作物诊断实现精准干预　在植株生长周期中，通过传感器监测土壤水分、养分、电导率、气候参数和作物生长状态，系统可根据病虫害风险模型自动调整水肥供应策略，降低人为操作误差。

（2）智能平台促进水肥管理与害情预警系统的联动　通过将虫情监测信息嵌入水肥调控模型中，平台可实现从“水肥自动灌施”到“病虫风险导向式水肥调控”的跨越。如在某设施蔬菜基地建立的物联网系统中，当监测系统捕捉到蓟马活动增强的信号，平台立即减少含氮比例，同时启用定向补钾灌溉程序，从营养调控层面抑制虫口增长。

（3）数字系统提升管理的协同效率与生态安全性　传统水肥管理需依赖人工作业，时效与准确性受限，而智能系统则可实现夜间自动操作，降低作业干扰，减少因水肥供应不及时而引发的病虫高发风险。同时，其数据存储与可视化界面便于长期分析与管理优化，为系统性防控提供决策依据。

四、推广水肥一体化绿色协同防控的路径建议

尽管水肥一体化在病虫害绿色防控中展现出较高的潜力，但其在实际推广过程中仍面临设施投入高、农户认知不足、技术服务不完善等诸多问题。为实现该技术在防控体系中的广泛集成，亟需从制度、技术与组织多维度协同推进。

（1）应推动区域标准化体系建设　不同地区气候、土壤、作物类型差异显著，需建立分区水肥防控模型与作物需水需肥参数标准，并嵌入病虫生态特性，形成可移植、可复制的绿色防控模式库。

（2）强化农户培训与服务体系构建　多数中小型蔬菜种植户对智能水肥系统理解有限，推广过程中应依托合作社、龙头企业或农技推广机构，设立"水肥调控与防控融合示范田"，并通过集中培训与远程指导相结合的方式提升农户操作技能和防控意识。

（3）鼓励技术集成创新与财政政策支持　在推广过程中，应鼓励将水肥一体化与滴灌系统、生态生防、数字农业平台联动创新，探索形成可降本增效的集成技术包。同时，政府应设立专项补贴政策，对首次安装智能水肥系统、参与绿色认证的种植主体给予资金倾斜，提升其采纳意愿与持续运行能力。

水肥一体化作为现代农业中融合资源节约与作物营养精准管理的关键技术，其在蔬菜病虫害绿色防控体系中发挥着日益突出的生态调控作用。通过科学设计水肥结构、整合智能控制系统与病虫生态调节策略，水肥一体化不仅能增强蔬菜的抗逆能力，抑

制病虫适生环境，更能有效降低农药使用频率，推动农业生产向绿色、高效、可持续方向转型。未来应进一步加强技术融合创新、标准制度建设与农户推广机制，推动该技术在更广阔的农业场景中实现系统性、生态化落地，为我国蔬菜产业绿色高质量发展提供坚实支撑。

第四节 生境调控与天敌保育技术

在蔬菜病虫害绿色防控体系构建过程中，生境调控与天敌保育技术的应用成为实现病虫害持续治理与生态稳定性的关键一环。现代农业在追求高效产出的同时，也面临着生物多样性锐减、生态功能退化等问题，传统高强度依赖化学防治的方式不仅破坏了生态平衡，也削弱了自然控制因子的作用。因此，通过优化农田生态环境、增强有益生物栖息与繁殖能力，促进天敌种群的稳定与扩展，实现“以生制害”，已成为绿色防控策略中的重要方向。

一、生境调控的生态学基础

生境调控的核心理念源自农业生态学，强调通过重构或优化农田生态环境来干预病虫害种群动态，实现对有害生物的生态抑制。在传统农业系统中，天敌昆虫与植物之间形成复杂的互作关系，包括寄主定位、食物链转化以及行为信息传递等。若能通过人为干预构建更有利于天敌生存的环境条件，便可有效恢复甚至强化其生态服务功能。

二、农业景观优化与天敌栖息地建设

农业景观结构的优化不仅有助于控制病虫害蔓延路径，还能够提升天敌物种多样性与生态服务功能。具体而言，通过构建多

样化、非单一的景观单元，如生物隔离带、人工草地、轮作带与小微湿地等，可为天敌提供稳定的食物、繁殖与越冬场所。

在蔬菜种植区，可围绕田块边缘设置蜜源植物带或诱导性栖息岛，吸引花粉、蜜露性天敌昆虫如小蜂、瓢虫、食蚜蝇等栖居；此外，保留非耕地生态斑块可促进天敌迁飞与空间分布的连续性，构建完整的天敌网络系统。此类做法不仅提升了系统内的自然调控能力，也显著降低了化学农药使用频率。

三、多样化种植结构与有益生物共生机制

作物种植结构的多样化是维持农田生态系统稳定性的关键因素之一。间作、套作、轮作等种植模式可有效打破害虫传播路径，延缓病原扩展速度，同时为不同生态位的天敌生物提供资源互补型的生境基础。以葫芦科蔬菜为例，间作豆科植物可引入固氮微生物与地下食蚜天敌，实现地上与地下生态防控协同。

此外，植物间信息化学物质的互作也在共生机制中扮演重要角色。某些诱导型植物如甜荞、芹菜等可释放具诱导作用的挥发物，增强天敌对害虫的识别能力。通过设计科学的复合型种植体系，形成“作物—伴生植物—天敌”三元共生网络，有助于系统性降低害虫基数与病原载量。

四、生态调控与绿色防控的融合路径

将生境调控技术嵌入绿色防控整体体系，应从规划设计、操作实施、评估反馈等多维度同步推进。在规划层面，应依据区域生态特征与主要害虫谱系，因地制宜制定生境布局图谱，并结合遥感与 GIS 技术实现空间配置优化；在操作层面，通过地膜间留缝播种、开花植物分带种植、林网修复等措施，提升农业景观的功能性与可持续性。

评估方面，应建立以天敌密度、害虫压制率、生物多样性指数等为核心的评估指标体系，动态监测生境调控措施成效，指导

后续技术调整与优化。此外，需强化农户参与度与技术普及水平，通过农民田间学校、生态示范园区等方式，推动该技术在基层的规模化、规范化应用。

生境调控与天敌保育技术的有效实施，标志着蔬菜病虫害防控策略从“治标”向“治本”的转变。它不仅提供了绿色可持续的植保思路，也为农业生态系统的重建与生物多样性恢复奠定基础。在未来农业现代化进程中，应持续加强该领域的理论创新与技术集成，构建人与自然和谐共生的蔬菜生产新模式。

第五节 气候适应性种植制度设计

随着全球气候变化愈发显著，极端天气事件频发、温度波动加剧、降雨模式不稳定，这些因素正在深刻影响着我国蔬菜生产的空间布局和时序安排。传统的种植制度已难以完全适应新时期气候多变的现实需求，导致病虫害发生的不确定性增高、防控难度加大，影响蔬菜产量与质量。因此，构建科学合理、因地制宜、动态调整的气候适应性种植制度，已成为推动蔬菜病虫害绿色防控和农业可持续发展的重要路径。

一、气候适应性种植制度的基本内涵

气候适应性种植制度，是指依据区域气候条件变化，结合作物生长发育规律与病虫害发生趋势，对种植时间、作物结构及农艺措施进行灵活调整的一种动态制度。其核心目标是实现生态适配与农艺优化的双重效能，在保证蔬菜正常生长周期的同时，降低病虫害适生环境的稳定性。

二、区域差异下的种植制度优化路径

不同区域在气温、湿度、降雨、光照等气候因子上的差异

性，决定了其种植制度的适应性设计需因地制宜。在华北地区，应应对春旱和初夏高温，通过缩短育苗期、调整定植时间来控制病毒病和蚜虫扩散风险；而在南方湿热区，则需避免高温高湿季节进行定植，以规避软腐病和霜霉病的高发。

此外，针对典型农业生态带，如黄淮海的春夏交替期，采用“春早播、秋延迟”的模式，有助于压缩病虫害生命周期；在西南山地，推行高海拔避暑栽培和套种制，能有效降低田间高温湿度积累带来的病害风险。这种基于气候区划的种植制度重构，既可提升作物生态适应性，也增强了防控技术的针对性。

三、时空调度机制与病虫害规避策略

蔬菜病虫害的时空发生规律具有明显的区域性与季节性特征，气候适应性种植制度通过合理的作物轮作、错季栽培、复种体系等机制，可有效打乱害虫的生命周期规律，构建不利于病原菌和虫害孳生的农田生态环境。

在时间维度上，借助大数据平台分析多年气象资料与病虫害监测数据，可实现“避高温期”“避多雨期”的精准播种计划，从而降低如霜霉病、灰霉病等湿热诱发型病害的流行概率；空间维度上，结合农田景观重构，将高感品种与抗性强品种按空间隔离种植，或采用水旱轮作降低某些线虫类害虫的侵染密度，也能提升整体农田系统的抗病虫能力。

四、与绿色防控技术的耦合机制

气候适应性种植制度并非独立存在，其最大优势体现在与绿色防控手段的协同集成。通过制度设计提前避开高风险窗口，再结合生物防治、生态调控、物理隔离等技术手段，可构建复合型、闭环式的防控体系，提升整体绿色防控的效能。

气候适应性种植制度的构建，是当前应对农业气候风险、提升蔬菜病虫害绿色防控水平的关键战略路径。通过对不同气候区域的精准识别与制度重构，结合现代气象信息与病虫害动态模型的集成分析，实现种植模式与生态防控的高度融合，不仅能有效降低病虫害的发生频率与强度，也有助于保障农业生产的生态安全与经济效益。未来应加强区域试验与制度评估体系建设，推动其在实际生产中的落地转化，助力我国农业高质量发展迈向新台阶。

第四章
生物防治技术创新与应用

第一节　天敌昆虫规模化繁育与释放技术

随着对农业可持续发展理念的日益重视，天敌昆虫在蔬菜病虫害绿色防控中的作用愈加突出。天敌昆虫利用其对特定害虫的专一性和生态适应性，在替代化学农药、减缓害虫抗药性进程及保护农业生态环境方面具有不可替代的优势。然而，天敌昆虫的应用若仅停留在零星自然放养层面，其防控效果将极为有限。因此，发展规模化繁育与精准释放技术，是实现天敌昆虫在病虫害防控中高效、稳定发挥作用的关键路径。

一、天敌昆虫种类与防控特性

当前在我国蔬菜生产体系中广泛应用的天敌昆虫主要包括寄生性天敌（如赤眼蜂、丽蚜小蜂）、捕食性天敌（如草蛉、瓢虫、捕食螨）和病原性昆虫（如昆虫病原线虫）。寄生性天敌通过寄生方式控制害虫种群，具有较强的繁殖能力和适应能力；捕食性天敌则可在不同虫态阶段直接吞噬害虫，适用于多种蔬菜害虫的治理。

不同天敌昆虫在生态位、行为习性、环境适应性上差异显著，需结合目标害虫的发生时期、危害特性和田间生态条件进行匹配与组合使用，以实现协同防控。

二、规模化繁育的技术体系

实现天敌昆虫的规模化利用，首要环节是人工繁育技术体系的建立。此体系包括种源采集、饲养条件优化、繁殖代次控制及种质纯度维持等关键环节。以赤眼蜂为例，其规模化繁育需构建基于替代寄主（如米蛾卵）的饲养平台，精确控制温湿度、光照周期、寄主密度与寄生率等技术参数，以保证繁育群体数量充足且生物活性稳定。

此外，规模化繁育还需结合信息化与智能控制技术，如自动供食装置、环境调控舱室和数字管理平台，以提升繁育效率和管理精度。在天敌种类多样化的背景下，构建多物种协同繁育平台、优化饲养空间分隔设计与种间干扰管理策略，成为提高系统生产力的核心内容。

三、释放技术与操作模式

天敌昆虫的释放策略是其防控效果发挥的直接决定因素。根据目标害虫的空间分布特点和天敌的行为特性，释放技术可分为点源释放、条带释放和全域均匀释放等多种模式。释放时间的选择需与害虫关键生活史阶段相匹配，如卵寄生性天敌应在虫卵高峰前期投放，确保寄生时效性与寄生率最大化。

在释放方式上，机械化释放设备的研发应用显著提升了天敌释放效率和覆盖范围。对于保护地蔬菜，还可采用悬挂式释放卡、投放胶囊等方法提高天敌存活率与活动半径。

此外，应重视释放后的生态监测与反馈机制，构建基于标识技术与图像识别的天敌活动动态追踪系统，以动态调整释放策略，提升生态控制的时效性与精准度。

四、应用效果与面临挑战

实践证明，在番茄、辣椒、黄瓜等主要蔬菜作物上应用赤眼蜂、捕食螨等天敌种类，能有效控制夜蛾类、螨类和蚜虫等关键害虫，减少农药使用次数30%以上，显著提升产品质量安全水平。同时，天敌释放的生态友好性和系统稳定性为农业绿色转型提供了有力支撑。

然而，当前天敌昆虫规模化应用仍面临诸多挑战。首先，种质资源保存与高活性保持存在技术瓶颈，繁育周期与成本管控亟待优化；其次，不同区域生态环境差异大，导致天敌适应性表现差异显著，制约推广效果；再次，农户认知不足、技术服务体系薄弱也是限制天敌技术落地的重要因素。

天敌昆虫规模化繁育与释放技术作为蔬菜病虫害绿色防控的重要组成部分，已在保障作物产量与品质、减少化学农药依赖方面发挥了积极作用。未来应加强基础研究与技术创新，推进标准化与智能化体系建设，完善区域化适配模式与农民技术服务平台，真正实现天敌昆虫在蔬菜产业绿色转型中的常态化应用与长效机制构建。

第二节　微生物农药（真菌、细菌、病毒）开发

随着绿色农业理念的深入人心，传统化学农药在蔬菜病虫害防控中的主导地位正逐渐被具有靶向性强、环境友好、残留少等优势的微生物农药所取代。微生物农药主要指利用具有致病活性的真菌、细菌和病毒等微生物或其代谢产物，通过直接感染病原或调节植株防御系统，实现对病虫草害有效控制的生物防治手段。其不仅在控制目标害物方面展现出高效性能，更因其对非靶标生物的影响小、在农业生态系统中具有良好的可兼容性，而被

誉为未来农药发展的重要方向。

一、真菌类微生物农药的筛选与产业化路径

真菌类微生物农药主要包括白僵菌、绿僵菌、球孢白僵菌、昆虫致病拟青霉等，能够通过孢子萌发穿透害虫体壁或通过次生代谢产物引起宿主死亡，在防治蔬菜类害虫（如蚜虫、螨类、小菜蛾等）中表现出良好效果。在筛选阶段，研究者多采用病原菌天然分离结合人工诱导感染的方式，从不同地理生态位中获得具有较强致病性和环境适应性的菌株。中国农业科学院植保所的研究表明，来源于本土生态系统的真菌株系在实际应用中更具环境适配性和生物效力稳定性，具备开发优势。

产业化过程中，孢子产量、发芽活性与田间稳定性是核心技术瓶颈。围绕于此，近年来的研究着重于优化发酵培养条件、开发固态与液态联合发酵系统，并在制剂加工环节引入微胶囊包覆与冷冻干燥技术以延长货架期与田间持效期。此外，针对不同目标害虫和作物体系，还开发出烟剂、悬浮剂、颗粒剂等多种剂型，以提升施药精准性和便利性。

不过，真菌农药对环境温湿度较为敏感，低温或干旱条件下常会影响其萌发效率与致病力。未来的突破方向，一方面需加强遗传改良技术手段，如通过基因编辑提升菌株对逆境胁迫的耐受性；另一方面，也应在栽培管理中引入“生态适配+精准释放”的综合施策模式，以提高实际防控效果。

二、细菌类微生物农药的机制多样性与制剂创新

细菌类微生物农药主要包括苏云金芽孢杆菌、地衣芽孢杆菌、解淀粉芽孢杆菌等。其中，Bt 因其能产生具有靶标选择性的毒素蛋白而被广泛应用于蔬菜类鳞翅目害虫的防治，如小菜蛾、甜菜夜蛾等，已形成较为成熟的商业化应用体系。

细菌类微生物农药的防控机制多样，既有细胞内毒素蛋白的

直接致死效应，也包括诱导植物系统抗性、调节根际微生态等间接防病路径。如近年来研究发现，地衣芽孢杆菌分泌的多种抗生素可有效抑制多种蔬菜病原真菌的菌丝扩展，具备协同型广谱抗病功能。

制剂方面，细菌农药往往以活菌或其代谢产物为核心组分，为保证其在存储、运输及施用中的活性稳定性，目前广泛采用液体发酵结合冷却浓缩或喷雾干燥技术制备可湿性粉剂、水分散粒剂等。同时，随着生物膜包埋和控释载体材料的发展，具备缓释调控功能的新型制剂也逐步应用于蔬菜种子处理和土壤调理，实现早期根际防护与土传病害的抑制。

值得注意的是，随着 Bt 制剂的长期使用，其靶标害虫出现抗性现象已引发广泛关注。因此，新一代细菌农药研发正在向多毒素复配、毒素基因改造及联合应用其他生防因子的方向迈进，以打破单一防控手段的瓶颈，提升综合抗性管理能力。

三、病毒类微生物农药的精准性与推广难点

病毒类微生物农药，主要指昆虫病原病毒，尤其是杆状病毒类在蔬菜虫害防控中的应用。该类农药利用病毒在靶标昆虫体内复制并导致致死，具有极高的专一性和生物安全性。在我国，已成功开发的产品如小菜蛾颗粒体病毒、棉铃虫核型多角体病毒等，已在蔬菜基地获得实际应用验证。

病毒农药的主要优势在于：一是专一性高，对非靶标生物和人畜无害；二是在目标害虫体内具备增殖能力，一旦形成感染循环，将具备持续性控制潜力。三是在自然生态系统中可与其他防控手段协同共生，不易破坏微生态平衡。其在有机农业、出口蔬菜生产等高标准要求体系中具有独特应用价值。

病毒类农药的推广仍面临成本高、作用慢、环境敏感性强等难点。病毒颗粒在强紫外照射下易被失活，田间持效期短，需频繁施用；此外，其依赖目标害虫高密度发生时施用效果才明显，

限制了其在常规密度害虫早期防控中的应用。因此，提升病毒制剂的抗逆稳定性，开发光稳定型包覆材料，开展与昆虫信息素、行为干扰技术联用策略等，成为当前研发的重要方向。同时，进一步完善田间应用技术规范，加强农户对病毒类微生物农药作用机理及适用场景的认知，也是提升其市场接受度的关键环节。

四、多源融合与未来研发战略的构建路径

随着基因组学、蛋白质组学和微生物生态学的快速发展，微生物农药的研发已逐渐迈入“精准防控”与“系统集成”的新阶段。

（1）多种微生物资源的复配协同策略成为研究热点 真菌＋细菌联合应用可兼顾接触感染与代谢抑菌效果；病毒＋Bt 联合防控可降低靶标抗性形成速度，延长防效时间，增强田间稳定性。

（2）利用现代生物工程技术提升微生物农药的功能性能，是当前发展的技术前沿。

（3）微生物农药与生态调控、物理防控等绿色防控技术的集成应用，也为其提供了广阔的发展空间。在绿色防控的框架内，微生物农药不应孤立使用，而应成为“系统生态管理”的重要环节。

在政策层面，我国近年来对微生物农药的注册审批、质量标准及市场准入制度不断完善，为产业健康发展提供了良好的制度保障。下一步应鼓励地方政府设立专项推广基金、建设生物农药试验示范基地，并推动农民合作社、企业与科研机构协同构建“产学研推”一体化机制，以实现微生物农药从实验室走向田间地头的全链条技术转化。

微生物农药的开发不仅是对传统化学农药替代的现实路径，更是蔬菜绿色防控体系构建的重要支撑力量。从真菌、细菌到病毒，从单一生物源到多元复合，从作用机制探索到产业化配套技

术建设，微生物农药的发展已经进入系统性跃升的关键阶段。面对日益严峻的农药减量化任务和生态环境保护压力，应持续强化微生物资源的发掘与优化、突破制剂与应用技术瓶颈，并推动与其他绿色防控手段的高度融合。在保障蔬菜产量与品质的同时，实现农业可持续发展的绿色愿景。

第三节　植物源农药提取与作用机制

在全球农业向绿色可持续方向转型的背景下，传统以化学农药为主的病虫害防控体系正面临环境污染、抗性加剧与食品安全等多重挑战。植物源农药作为源于自然的生物活性物质，其具有降解快、对人畜安全、生态友好等显著优势，逐渐成为替代或辅助化学农药的研究与应用热点。该类农药通常从植物体内提取具有杀虫、抑菌、驱避等功能的天然化学成分，通过多靶点、多路径对病虫草害进行干预，不仅在绿色防控体系中发挥着重要补充作用，同时也契合了我国生态农业的发展战略。

一、植物源农药的类型与功能特性

植物源农药是指通过提取植物组织中的活性成分用于病虫草害防治的天然农药制剂，具有来源广泛、作用机理独特、生物降解性强等优势。常见的植物源农药类型主要包括生物碱类、酚类、萜类、醌类、黄酮类和挥发性油类等。这些成分多具多重生物活性，能够对目标生物实现杀虫、杀菌、抑菌、抗病毒和驱避等多样化功能。

以烟碱为代表的生物碱类农药能通过作用于昆虫神经系统中的乙酰胆碱受体，导致神经冲动传递紊乱，从而实现杀虫效果。另一类常见成分——苦参碱，则广泛应用于蔬菜上的蚜虫、粉虱等软体害虫的绿色控制。挥发性精油类物质如薄荷脑、桉树油、丁香酚等，在低剂量下即具备良好的驱避与抑制作用，特别适用于设施蔬菜的病虫预防。

植物源农药还具有靶标广、作用缓和、不易诱发抗性等特点，使其在与其他绿色防控技术（如微生物农药、生物防治、物理阻隔等）联用时展现出良好的协同性与兼容性，是构建多元化蔬菜绿色防控体系的重要补充。

二、植物源活性成分的提取与制剂加工技术

植物源农药的应用基础在于有效成分的稳定提取与制剂加工。当前主流提取工艺包括水提、醇提、挥发油蒸馏提取、超声辅助提取、超临界 CO_2 萃取等。以醇提法为例，其适用于提取黄酮类、酚酸类等极性较强的成分；而超临界萃取则适用于对温度敏感的挥发性物质，如花椒油、青蒿素等。现代研究还将微波辅助、酶解等新技术引入提取过程，以提高提取效率与活性物质纯度。

在制剂加工方面，为提高植物源农药的储存稳定性、使用便捷性及田间持效期，科研与企业界积极探索微胶囊包覆、纳米乳液、缓释载体等新型制剂技术。此外，为满足有机农业和出口蔬菜绿色认证的需求，提取过程中需避免使用有毒溶剂和化学添加剂，对植物原料的可追溯性、安全性也提出了更高要求。因此，未来植物源农药的加工体系将进一步向绿色化、标准化与全程可控方向发展。

三、植物源农药的作用机制与病虫防控路径

植物源农药的作用机制呈现多样化特征，既包括对病原菌与害虫的直接毒杀作用，也包括对植物本身抗性机制的诱导和激活。其防控路径主要涵盖以下几种方式：

（1）神经毒作用机制　如苦楝素、鱼藤酮等可通过干扰昆虫中枢神经系统信号传导过程，导致行为障碍、进食中止及最终死

亡。该类机制对鳞翅目、双翅目害虫均有显著抑制作用，适用于如小菜蛾、斑潜蝇等蔬菜常见害虫防治。

（2）抑菌机制　许多植物源化合物如没食子酸、丁香酚等能破坏病原菌细胞膜结构，干扰其代谢功能或抑制其酶活性，从而达到抑菌或杀菌目的。

（3）诱导植物抗性　某些植物源物质（如水杨酸甲酯、茶多酚等）能够刺激作物自身的防御信号通路，增强细胞壁厚度，提高酚类化合物积累，激发系统获得性抗性（SAR）或局部诱导抗性（ISR），增强作物抵御后续病虫害侵袭的能力。这一机制尤其适合与生态调控和抗病品种选育策略相结合，提升系统整体免疫力。

（4）行为干扰和忌避效应　部分植物挥发性成分（如柠檬醛、莰烯等）对害虫具有强烈驱避性，能够阻止其在蔬菜上取食或产卵，减少其在作物群体中的建立。这一机制适合在害虫低密度发生阶段提前布控，降低农药使用频率。

四、植物源农药的应用实践与发展展望

近年来，我国多个蔬菜主产区已将植物源农药纳入绿色防控示范工程，应用于辣椒灰霉病、黄瓜白粉病、番茄叶霉病等病害防治中，在部分区域替代率达40%以上。部分自主研发的植物源农药产品如“绿安宁”“植得安”“精灵净”等，已广泛应用于出口蔬菜基地、有机农业园区，并取得良好效果。

与此同时，植物源农药的应用也面临若干实际问题，如作用速度较慢、防效不稳定、提取成本偏高等。在产业层面，植物原料质量波动对产品一致性构成挑战；在用户认知方面，部分种植者对植物源制剂的科学使用方法仍了解不足，影响了推广效果。

未来，应加强以下几个方向的建设与优化：一是依托民族药用植物资源，建立高效成分数据库与生物活性评价平台，推

动植物源农药从经验型向精准研发转变；二是加强多组分复配制剂与应用体系研究，提高田间适用性与防效持久性；三是建立政策扶持机制，推动植物源农药在绿色认证、有机种植等高端市场的制度化应用；四是通过农技推广与培训机制，提升基层农户对植物源农药科学施用的认知水平，实现其在大田规模化蔬菜生产中的普及落地。

植物源农药作为绿色防控体系中的重要组成部分，正逐步走出实验室，进入实际田间防控的广阔空间。其兼具生态安全性、资源可再生性和多机制综合作用的特点，不仅为解决农药残留与环境污染问题提供了解决方案，也为我国蔬菜产业的可持续发展注入了绿色动力。面对农业绿色转型的时代机遇，亟需加快植物源农药从资源筛选、机制研究到制剂应用的全链条技术攻关，构建高效、安全、稳定的产品体系与应用模式，从而在保障蔬菜安全生产的同时，推动农业绿色发展迈上新台阶。

第四节　昆虫信息素与行为干扰技术

在现代农业绿色防控体系中，如何在保障蔬菜生产安全的同时实现病虫害的精准、低风险控制，是技术创新的重要方向。昆虫信息素与行为干扰技术作为绿色防控的重要组成部分，以其高度特异性、对非靶标生物友好、不产生抗性、无环境污染等优点，在蔬菜病虫害防控中展现出广阔前景。昆虫信息素是昆虫个体间传递信息的化学物质，行为干扰技术则通过人工释放合成信息素干扰昆虫正常行为过程，阻断其繁殖或觅食路径，从而达到控制种群的目的。随着合成生物学、材料化学与精准释放技术的发展，信息素的高效制备、田间施放及行为调控机制研究不断推进，推动该技术向产业化与系统化迈进。

一、昆虫信息素的种类与生物学功能

昆虫信息素可按功能分类为性信息素、聚集信息素、报警信息素和追踪信息素等，其中性信息素是研究最为深入、应用最广的类型。性信息素通常由雌性昆虫释放，用于吸引异性个体完成交配，是阻断虫口繁殖链的关键节点。

蔬菜害虫中，如小菜蛾、甜菜夜蛾、斜纹夜蛾等，其性信息素已被人工合成并实现商业化推广。该类信息素主要由不饱和脂肪酸衍生物组成，具备种特异性强、挥发性高、生物活性强等特点，能在极低剂量下诱导雄性昆虫趋化飞行，实现目标控制。

二、行为干扰技术原理与田间实施方式

行为干扰技术的核心在于以人为方式改变昆虫的信息素感知环境，使其识别、定位、交配或迁飞等关键行为受阻，进而控制其种群数量。其典型应用模式主要包括诱捕诱杀、迷向干扰、聚集诱杀灭等。

在诱捕器诱杀技术中，常利用性信息素与特定结构的诱捕器联用，实现对雄性成虫的精准诱引与物理捕杀，适用于虫口初期预警与低密度控制阶段。迷向干扰则通过在田间大范围释放合成性信息素，干扰雄虫的飞行定位与配偶识别行为，有效减少配对率与产卵量，在种群压制与持久控制中尤为重要。

聚集引诱-杀灭策略通过将信息素与毒饵或致死剂型结合，诱导害虫集中活动于施药区域，从而提高杀灭效率与施药精准性。推拉策略则是在目标作物区施用驱避性气味物质（推），同时在作物外缘设置信息素诱捕器（拉），实现行为双向调控，是防控迁飞性或群体性害虫如斑潜蝇、银叶粉虱等的重要手段。

三、昆虫信息素技术的制剂创新与释放系统构建

昆虫信息素的田间效果依赖于其挥发释放稳定性与持续作用

能力，因此在制剂开发与释放系统构建方面，技术进步尤为关键。当前主要的制剂形式包括橡胶诱芯、聚合物缓释器、纤维载体、微胶囊制剂等，具备控释性、耐高温、抗紫外等特点。

橡胶诱芯和纤维类释放体因其成本低、制备工艺成熟，被广泛用于性诱捕器中；而聚合物载体和微胶囊系统则适用于迷向干扰与信息素扩散干扰系统，能够控制信息素挥发速度并延长有效释放期。研究表明，在理想条件下，采用微胶囊包裹技术的信息素释放系统可实现30～60天的稳定释放，为田间长期防控提供技术支撑。

此外，智能释放系统与数字农业的结合也逐步推进。如结合传感器控制信息素释放量，或利用气象数据与虫情监测系统动态调整信息素施用频率与位置，均有望实现信息素的精准施放与动态调控。这类系统多基于“诱-控-感”三位一体的思路，构建感知-响应-调整的闭环机制，在智慧农业背景下具有广泛的应用前景。

四、蔬菜绿色防控中的集成应用与产业化路径

信息素与行为干扰技术的广泛应用依赖于与其他绿色防控技术的有效集成。近年来，蔬菜主产区积极推进“信息素＋天敌释放”“信息素＋微生物农药”“信息素＋物理阻隔”等组合策略，构建多维度、多靶点的复合生态防控模式。

在产业化方面，国内多家科研机构与企业联合开发的信息素制剂产品已实现量产，如“菜蛾清”“夜蛾净”等，具备明确靶标、田间适应性强、技术配套成熟等优势，并通过绿色农资推广平台广泛进入示范推广环节。部分高标准基地和出口认证基地已将信息素作为防控主要手段之一纳入常规操作规程。

未来产业发展需聚焦以下关键路径：一是加强信息素种类数据库建设与筛选效率提升，实现新型信息素的快速开发与精准合成；二是推动信息素相关制剂与设备的标准化、模块化、低成本

化设计，提高田间可操作性；三是建立区域性病虫监测-信息素联动干预系统，实现动态虫情精准响应；四是完善政策支持与市场激励机制，推动其在蔬菜绿色防控体系中的广域推广与持续应用。

昆虫信息素与行为干扰技术代表了蔬菜绿色防控从“杀灭为主”向“干扰调控”的战略转型，体现了对生态系统平衡、物种特异性与农业可持续性原则的尊重与响应。随着生物合成、智能控制和生态集成技术的不断突破，该类技术正从边缘手段逐步跃升为防控主力，在蔬菜病虫害绿色治理中发挥日益关键的作用。

第五节　生物防治与生态系统的长期互馈效应

在绿色农业体系逐步取代高投入、高污染的传统农业方式背景下，生物防治因其对生态环境友好、与自然调控机制高度契合、可持续性强等特点，已成为蔬菜病虫害防控的核心技术之一。然而，相较于化学农药的即时性与单向性，生物防治技术的真正价值，体现在其与农业生态系统之间建立的长期动态互馈关系。这种互馈不仅涉及害虫种群与天敌种群之间的共生共制，也体现在生物防治因子的引入对土壤微生物结构、作物免疫系统、生态位结构乃至系统稳定性的深远影响。因此，深入剖析生物防治技术在生态系统中所引发的长期响应与反馈机制，对于构建可持续、高韧性的绿色防控体系具有重要现实意义。

一、生物防治因子的生态适应性与系统融合能力

生物防治技术涵盖了天敌昆虫释放、微生物农药施用、植物源物质干预及昆虫行为干扰等多种策略，其核心在于通过外源生物或生物产物调节病虫害的生物学过程，实现以生态手段替代或减少化学农药使用。在生态系统中，这些生物防治因子需面临复

杂环境因素的共同作用，包括气候波动、作物生长周期、田间植被结构、原生物种多样性等，这就要求其具备良好的生态适应性与系统兼容性。

二、天敌—害虫关系的动态调节与生态平衡维持机制

天敌昆虫的引入或释放是生物防治的重要组成部分，而其长期效果并非源于一次性释放所带来的“即刻压制”，而是在连续释放基础上通过种群互动构建的动态平衡关系。天敌与害虫之间构成了典型的捕食-被捕食关系，其种群数量、空间分布与行为反应均存在明显的时间延迟效应与生态反馈机制。

在一个生态完整的系统中，当害虫种群上升时，天敌种群密度往往在后续周期中因食物资源充足而增长，继而通过捕食抑制害虫数量，形成负反馈控制；相反，害虫密度下降后，天敌由于资源减少也会逐步衰减，从而为害虫下一轮种群恢复提供条件，这种“钟摆式”的波动关系被称为“种群互制动态”。该过程在不同的蔬菜生产体系中均有体现，尤以设施蔬菜与轮作区块中表现更为明显。

三、生物防治对土壤微生态系统的影响与修复功能

土壤是农业生态系统的核心，微生物作为土壤生态过程的关键驱动因子，其结构与功能直接影响作物健康与病虫害发生。传统化学防治方式在破坏目标害虫的同时，往往对非靶标土壤微生物群体造成抑制、破坏其多样性与代谢功能。而以微生物农药与植物源制剂为代表的生物防治方式，在维持或改善土壤生态结构方面展现出显著优势。

一方面，微生物农药如解淀粉芽孢杆菌、地衣芽孢杆菌等能与作物根系形成稳定的共生或拮抗关系，通过竞争营养物、分泌抑菌物质等机制抑制土传病原如枯萎病菌、根腐病菌等的侵染，间接提升土壤抗逆能力。另一方面，植物源农药中的多酚、黄酮

等成分在释放后可成为特定微生物群落的代谢底物，调节微生物组成结构，促进有益微生物如放线菌、放射菌的扩张，改善土壤通气性与团粒结构，增强其生物活性。

长期使用生物防治措施的地块往往呈现微生态系统结构稳定、功能活跃、病原菌种群受抑的良性循环状态。这说明生物防治不仅是作物-害虫层面的干预手段，更是土壤生态修复与维护系统稳定的生态路径。

四、长期互馈机制与系统可持续性的评估与优化路径

在生物防治技术推广过程中，一个关键问题是如何评估其长期生态效果与系统可持续性。由于生态系统中的反馈关系具有明显的非线性与滞后性，仅靠短期的产量或病虫减控数据难以全面反映其生态价值。因此，构建科学的长期互馈效应评估体系显得尤为重要。

当前学术界普遍采用包括“生物多样性指数”“天敌-害虫比值”“微生物多样性 Shannon 指数”“系统抗干扰性指标”等综合评价方法，以量化分析生物防治在生态系统中的作用强度与反馈能力。此外，基于 GIS、物联网与大数据平台构建的数字农业生态监测系统，已逐步被用于长期生态效应追踪与决策辅助，为动态调节生物防治策略提供数据支撑。

为实现生物防治生态互馈效应的最大化，应从以下几个方面着力优化：一是推动“农田-非耕地-边界带”景观结构重建，增强天敌栖息多样性；二是推广“绿色农药＋生态调控”复合策略，实现作物-土壤-生物多因子的协同调控；三是发展可视化生态监测与反馈机制，实现防控策略从静态向动态、单一向集成的转变。

生物防治不仅是一种农艺技术选择，更是一种生态思想的实践。在其推广与深化应用过程中，生物因子与生态系统之间形成的互馈关系，不仅决定了其病虫害控制成效，也关系到农业生态

系统的可持续性与韧性重构。从短期作用到长期反馈，从个体控制到系统优化，生物防治正展现出其在未来绿色农业中的核心地位。唯有立足于生态系统整体，推动技术-生态-制度的深度融合，方能真正实现蔬菜生产与生态保护的双赢目标，为绿色农业的未来提供坚实基础与持久动力。

第五章
物理与机械防控技术

第一节　光波、声波与色板诱杀技术优化

物理防控技术作为蔬菜病虫害绿色防控技术体系的重要组成部分，在减少化学农药使用、保护生态环境、确保农产品质量安全等方面发挥着不可替代的作用。光波、声波与色板诱杀技术作为物理防控技术的典型代表，通过利用害虫的趋光性、听觉敏感性和趋色性等生物学特性，实现对害虫的精准诱杀和驱避，具有环境友好、操作简便、成本相对较低等显著优势。随着现代农业向精准化、智能化方向发展，传统的物理防控技术面临着效率提升、精准度改善、智能化升级等新的挑战和要求。因此，深入研究光波、声波与色板诱杀技术的作用机理，系统优化技术参数，推进技术集成创新，对于构建高效、可持续的绿色防控技术体系具有重要的理论意义和实践价值。

一、光波诱杀技术的理论基础与优化策略

作为光波诱杀技术的生物学基础，昆虫趋光性机理涉及昆虫复眼的光感受系统、神经传导机制和行为调控网络等多个层面。昆虫复眼由数千个小眼组成，每个小眼包含感光细胞、色素细胞和支持细胞等结构，能够感受不同波长的光线并将光信号转化为

神经冲动。研究表明，昆虫的光谱敏感性主要集中在紫外光区（280～400nm）、蓝光区（400～500nm）和黄绿光区（500～600nm），其中紫外光区对大多数夜行性害虫具有最强的吸引力[12]。不同种类的昆虫由于复眼结构和感光色素的差异，对特定波长光线的敏感性存在显著差异，这为开发针对性的光波诱杀技术提供了理论基础。

光波诱杀技术的核心在于光谱波长、光照强度和光源特性的精准调控。光谱波长的优化是提高诱杀效率的关键因素，研究发现365±50nm的紫外光对棉铃虫、斜纹夜蛾、甜菜夜蛾等主要蔬菜害虫具有最佳的诱集效果。LED光源技术的发展为光谱精准调控提供了技术支撑，通过组合不同波长的LED芯片，可以实现光谱的精确配置和动态调节。光照强度的合理控制对于平衡诱杀效果和能耗具有重要意义，研究表明，在保证诱杀效果的前提下，适当降低光照强度不仅能够节约能源，还能够减少对非目标昆虫的影响。

二、声波驱虫技术的作用机制与参数调控

超声波驱虫技术的作用机制基于声波对昆虫听觉系统和神经系统的干扰效应。昆虫的听觉器官主要包括鼓膜器官、毛状感受器和约翰逊器官等，这些器官能够感受不同频率的声波振动并将其转化为神经信号。超声波是指频率高于人类听觉上限（20kHz）的声波，通常在20～400kHz范围内，这一频段的声波对多数昆虫的听觉系统具有强烈的刺激作用。当昆虫暴露在高强度超声波环境中时，其听觉神经会产生过度兴奋，导致神经传导紊乱和行为异常。不同种类的昆虫对超声波的敏感性存在显著差异，蚊子、蟑螂、蚂蚁等昆虫对20～40kHz的超声波较为敏感，而老鼠等啮齿动物对40～60kHz的超声波反应更为强烈。

声波参数的优化设计是提高驱虫效果的关键环节。频率范围的科学确定需要综合考虑目标害虫的听觉特性和非目标生物的安

全性，通过实验测定不同害虫对各频段超声波的敏感性，可以筛选出最佳的驱虫频率。

三、色板诱杀技术的色谱优化与应用拓展

昆虫视觉系统的颜色识别机制是色板诱杀技术的生物学基础。昆虫复眼中的感光细胞包含不同类型的视色素，能够感受紫外光、蓝光、绿光等不同波段的光线，形成复杂的颜色视觉系统。与人类的三色视觉系统不同，多数昆虫具有四色或五色视觉系统，其中紫外视觉是昆虫特有的视觉能力。不同害虫对颜色的偏好存在显著差异，蚜虫、温室白粉虱、烟粉虱等刺吸式害虫对黄色具有强烈的趋性，蓟马对蓝色的趋性最为明显，而某些鳞翅目害虫对绿色和白色表现出偏好。

色板诱杀技术的集成应用体现在多色板组合、技术融合和智能化升级等方面。多色板组合应用能够扩大防治害虫的种类范围，通过在同一区域布设不同颜色的色板，可以同时诱杀多种害虫。黄蓝色板组合是最常用的配置方案，能够有效防治蚜虫、粉虱、蓟马等主要蔬菜害虫。色板与信息素技术的联合应用产生了显著的协同效应，智能监测系统的融合使色板技术具备了自动化监测和数据分析功能。现代智能色板还集成了环境传感器，能够同时监测温度、湿度、光照等环境因子，为害虫发生预测提供数据支。

四、技术集成优化与智能化发展趋势

光波、声波与色板诱杀技术的集成应用体现了现代物理防控技术的发展趋势。三种技术在作用机理上具有明显的互补性，光波技术主要利用昆虫的趋光性实现诱杀，声波技术通过听觉干扰实现驱避，色板技术基于视觉偏好实现诱捕。这种互补性使得集成系统能够覆盖更广泛的害虫种类，提高防控效果的稳定性和持续性。集成系统的设计需要考虑不同技术之间的相互影响和协调配合，通过优化设备布局和工作时序，可以实现三种技术的有机

结合和协同作用。

智能化技术的融合应用是物理防控技术发展的重要方向。物联网技术使得分布在不同地点的防控设备能够实现互联互通，形成智能化的防控网络。通过云平台可以实现对所有设备的远程监控和统一管理，大大提高了管理效率和响应速度。人工智能技术在害虫识别和计数方面发挥了重要作用，基于深度学习的图像识别算法能够准确识别不同种类的害虫，并统计其数量和分布。机器学习技术还能够分析历史数据，预测害虫发生趋势，为防控决策提供科学依据。

光波、声波与色板诱杀技术作为物理防控技术的重要组成部分，在蔬菜病虫害绿色防控中发挥着越来越重要的作用。通过深入研究技术机理、系统优化技术参数、推进技术集成创新，这些技术在诱杀效率、适用范围、智能化水平等方面都取得了显著进步。

随着新材料、新工艺、新技术的不断涌现，物理防控技术将朝着更加精准化、智能化、生态化的方向发展。技术集成将更加深入，多种防控技术的有机结合将产生更强的协同效应。智能化水平将进一步提升，人工智能、物联网、大数据等现代信息技术的深度融合将使物理防控技术具备更强的自主决策和自适应能力。标准化和产业化进程将加快推进，完善的技术标准体系和产业支撑体系将为技术的广泛应用提供有力保障。这些发展趋势将推动物理防控技术在构建可持续农业生产体系、保障食品安全、保护生态环境等方面发挥更大作用，为实现农业高质量发展和生态文明建设做出重要贡献。

第二节　防虫网、地膜与物理阻隔应用

在蔬菜绿色生产体系不断深化的背景下，物理阻隔技术作为

绿色防控的重要一环，以其成本可控、操作简便、环境友好等特点，日益受到广泛关注与应用。防虫网、地膜等材料在阻断害虫物理入侵、改善田间小气候和减少病原传播方面发挥了重要作用，是传统防控措施与现代设施农业融合的典型代表。这些技术不仅可以有效减少化学农药的依赖，还通过改变害虫生态环境和作物生长环境，为生态防控、生物防治等手段的协同施展提供了基础条件。

一、防虫网的类型、机理与蔬菜病虫防控效能

防虫网是采用高密度聚乙烯或聚丙烯材料加工而成的轻质织网，其作用机理主要是通过物理屏障阻止害虫进入蔬菜种植区域，从而阻断害虫与作物之间的接触，达到预防为主、防患未然的控制目标。根据孔径大小和编织工艺的不同，常见防虫网可分为 40 目、60 目、80 目等型号，孔径越小，其防控的害虫种类范围越广，适应性也越强。

防虫网除可安装于露地栽培的田块边界，也可用于设施蔬菜棚室的开口、门窗处封闭处理。研究表明，适配合理的防虫网在整个生育周期可将蔬菜田害虫密度控制在经济阈值以下，配合天敌释放或植物源农药施用，其防控效果不逊于常规农药。此外，防虫网对病害传播亦具防效，尤其对以昆虫为传播媒介的病毒如黄化曲叶病毒、番茄斑萎病毒等，其阻隔蚜虫和粉虱的功能可有效减少病毒传播概率，间接延长作物健康期。在一定程度上，防虫网还可调节田间温湿度、降低强风对作物的机械损伤，从生态小环境角度进一步提升蔬菜抗逆性与生长稳定性。

二、地膜覆盖技术的调控功能与协同抑害作用

地膜作为一种普遍应用于蔬菜种植中的塑料覆盖材料，其最初主要应用于保温、保湿与促进苗期快速生长，近年来在病虫害物理防控方面的作用日益突出。其防控原理主要基于三方面：一

是阻断土壤中害虫的出苗与爬出，如地膜对地蛆、跳甲、根蛆等地下害虫形成物理遮断作用；二是调控田间温湿环境，抑制部分高湿或低温适生病原菌的繁殖与侵染；三是通过地膜颜色、反光特性对害虫行为产生干扰，降低虫口密度。

根据材质和颜色的不同，地膜主要分为黑色、银灰色、透明和绿色地膜。其中，银灰地膜因具强烈的反光性，可有效干扰粉虱、蚜虫等害虫的飞行定向行为，被广泛用于番茄、辣椒、茄子等果菜类蔬菜的病毒病综合防控体系中。黑色地膜因其遮光效果强，常用于抑制田间杂草生长，从而减少草间虫害繁殖温床。绿色地膜则多用于对温度敏感的蔬菜，调节光照与热量，适用于夏季高温阶段的蔬菜栽培。

地膜覆盖虽具有显著的正向效应，但若管理不当亦存在如土壤湿度过高、杂草聚集于膜孔周边、膜下病害发生概率上升等副作用。因此，在实施过程中应根据作物类型、生育期、气候特点与病虫害发生规律进行科学配置，尤其是在定植孔处理、膜色选择与覆盖密闭度上加强管理。

三、物理阻隔设施的集成应用与系统优化路径

防虫网与地膜作为物理阻隔技术的代表，在绿色防控体系中不仅各自独立发挥作用，更在集成化应用中体现出“1＋1＞2”的协同效应。通过科学设计栽培系统，实现不同物理手段的互补组合，能够同时压低多类害虫密度，优化作物生长环境，并为生物防治与生态调控创造良好前提。

在露地蔬菜种植中，常采用“防虫网＋银灰膜＋黄板”组合策略，通过防虫网阻隔飞虫入侵，银灰膜驱避刺吸式害虫，黄板诱杀成虫，实现立体空间内的多层次阻控。在设施蔬菜种植中，则以“防虫网＋封闭门帘＋自动风幕＋粘虫板”为标准配置，实现对害虫传播路径的全程管理。该类集成系统特别适用于生产标准要求较高的出口蔬菜、绿色认证蔬菜和有机蔬菜基地。同时，

针对设施农业中防虫网透气性差、地膜过度使用造成的土壤残膜污染问题，近年来技术发展逐步向可降解材料与智能调控设施转型。

四、应用成效评估与推广机制的完善策略

物理阻隔措施虽然实施便捷、成本相对较低，但其防控效果具有空间差异性与时间依赖性，受到网孔大小、地膜铺设密度、环境条件等多因素影响，因此在推广应用中亟需建立系统的效果评估与动态调整机制。

首先，应强化物理防控设施的田间监测反馈机制。通过布设田间感应器、图像识别装置和数字记录平台，实时记录防虫网覆盖密度、膜下湿度变化与害虫入侵频次等指标，实现防控效果的量化管理。其次，应建立以区域化管理为基础的物理防控标准体系。不同作物类型、不同生态区位、不同栽培模式下，应制定差异化的防虫网与地膜配置参数，实现防控措施的精准化与高效化。

在推广机制方面，建议政府与科研机构共同推动“示范先行＋标准带动＋补贴驱动”三位一体的推广路径。通过建设绿色防控核心示范区，总结典型模式；制定覆盖率、配置方式、更新频率等操作标准；同时，给予物理防控设备补贴政策支持，特别是对可降解膜、防老化网具等绿色产品给予产业引导。此外，应加强农民技术培训，通过视频课程、现场演示、农技 App 等手段，提升一线种植者对物理防控技术的理解、掌握与优化能力，真正实现技术落地生根。

防虫网与地膜等物理阻隔措施作为蔬菜绿色防控的重要基础技术，其应用体现了传统农业智慧与现代材料科学的融合创新。从阻隔害虫入侵到改善田间生态，从独立施用到集成协同，其生态效益和现实价值正逐步显现。未来，在农业绿色转型持续深化的趋势下，应进一步推动材料绿色升级、设施智能协同、应用精

准可控，以构建更为高效、安全、可持续的病虫害物理防控系统，为实现蔬菜高质量发展与生态农业战略目标提供坚实支撑。

第三节 高温闷棚与土壤消毒技术

在蔬菜病虫害绿色防控体系中，土壤是病虫害发生的重要根源，也是绿色农业防控链条中的关键环节。随着设施农业的发展和连作问题的加剧，土传病害、地下害虫及土壤中残留病原的复发频率显著提升，严重影响蔬菜的产量与品质。为有效切断病原在土壤中的传播途径，减少农药依赖、优化根际环境，高温闷棚与土壤消毒等物理手段被广泛应用于蔬菜种植前的耕层处理过程中。此类措施以其生态友好、不破坏环境、无化学残留的特点，在绿色农业发展中具有基础性战略地位。

一、高温闷棚技术的原理、实施方法与适用条件

高温闷棚，又称太阳能消毒，是利用夏季强烈的太阳辐射，在大棚内覆盖透明地膜，封闭棚体，通过阳光照射和热量积累，使土壤温度持续升高，达到灭杀病虫草害目标的物理手段。其核心机理在于温度胁迫，通过高温杀灭或抑制土壤中病原微生物、地下害虫卵和杂草种子的生理活性，从而实现病虫害的“前置防控”。

高温闷棚技术适用于设施蔬菜换茬季节前的土壤处理，尤其在连作障碍严重、土传病害高发的温室大棚中应用效果最为显著。但在重黏性土壤、排水不良或夏季雨水频繁地区，其应用需结合排湿通风技术或与其他消毒手段联合使用，以确保效果稳定。

二、土壤物理消毒与替代性绿色处理技术路径

除了高温闷棚外，蔬菜绿色防控实践中还应用了多种非化学

土壤处理技术，包括蒸汽消毒、生物发酵、电热消毒及中低温杀菌处理等，均体现了无毒、无残留、靶向明确的物理消杀优势，是对高温闷棚技术的重要补充。

（1）蒸汽消毒　通过将高压蒸汽注入土壤，迅速提升耕层温度至80～100℃，杀灭土壤中各类有害生物。该技术加热均匀，适用于病原密度高的精细种植区，但能耗较高，设备成本大，主要用于育苗床、种苗工厂及高值作物基地。

（2）发酵型土壤处理　利用有机物发酵过程中释放的热量（如稻草、禽畜粪、豆粕等）进行温度驱动灭菌处理，兼具调理土壤结构和补充有益微生物的功能。该技术通过调控水分、有机质碳氮比、封膜时间等关键参数，在中等强度条件下达到杀菌与土壤修复并举的目的。

（3）电热消毒与微波技术　近年来部分高科技农业园区开始尝试采用电热装置或微波发射器进行浅层土壤杀菌。该技术精确可控、处理速度快，但能耗较高、成本尚未普及化，目前主要作为示范点技术探索使用。

上述技术虽在适应性、成本、处理效率上各有侧重，但共同体现了物理手段在土壤病原治理中的有效性，为不同耕作条件与产业模式下的绿色防控提供了多元化选择。

三、高温闷棚与土壤消毒的联用集成与生态调控协同机制

在实际蔬菜种植过程中，单一物理处理手段往往难以满足持续防控的需求，需与其他绿色手段进行复合式集成应用，形成系统的前期预防与过程管控体系。高温闷棚与土壤消毒常与以下三类措施结合应用，体现出多机制互补与生态系统修复功能：

（1）在高温闷棚前或后期施入生物有机肥、腐殖酸制剂、放线菌类调理剂，有助于杀菌后重建土壤微生态，防止有害菌群“真空”后快速复萌，构建以有益微生物为主导的健康土壤体系。

（2）经过高温处理后播种或定植耐枯萎、抗根结线虫等抗性

强的蔬菜品种，可进一步提升土传病害的综合抑制能力，形成种质-环境协同抗病体系。

（3）在高温闷棚后引入滴灌系统，通过精准水肥管理控制土壤湿度与养分结构，避免过湿诱发的新生病害，同时提升作物根系活力与系统免疫力。

从生态系统层面看，高温与消毒技术不仅抑制有害微生物，也会不同程度影响有益微生物群落结构，因此其生态互馈机制必须通过“杀-抑-扶”联动机制予以修复。长期示范区经验表明，合理控制处理强度与周期、科学接续有益微生物补充，是保障其绿色可持续效应的关键。

四、推广适宜性评估与实践应用策略路径设计

尽管高温闷棚与土壤消毒技术在设施蔬菜防控中已获得广泛应用，但受限于地域气候差异、土地流转方式及技术普及度等因素，其大规模推广仍面临多重挑战。为此，应从以下几方面推进技术成熟化与区域适应性匹配：

（1）基于不同气候带、土壤类型、蔬菜种类等条件，开展高温闷棚与物理消毒适配性模型研究，形成“区域-作物-措施”分类实施指南。特别是在华北连作设施密集区与南方雨热同步区，应分别构建以“全封闭式高温处理”与“通气-间歇型处理”为核心的操作规程。

（2）制定涵盖膜材选择、覆盖密封规范、处理深度、持续时间、温度监测及后续修复措施的综合技术规程，并纳入绿色防控补贴项目与农业绿色投入品目录，推动制度层面的规范化应用。

（3）通过农技推广机构、绿色防控示范基地建设培训平台，向基层农户普及土壤物理消毒的原理与操作技巧，提高其对绿色病虫害管理体系的理解与认同，推动技术从示范向常规转化。

（4）鼓励农业装备企业研发适配各类棚室的移动式电热、喷气一体化装置，与智慧农业平台对接，提升操作效率与数据可视

化管理水平。同时结合绿色蔬菜品牌创建工程，推动高标准物理处理技术融入优质农产品生产全链条。

高温闷棚与土壤消毒作为绿色农业防控技术体系中的重要物理手段，不仅在病原控制与地下害虫抑制方面表现出卓越的生态效益，更在绿色理念与生态修复实践之间建立了有效连接。在当前农药减量、农业绿色转型的关键阶段，该类技术凭借其“无残留、高安全、低风险”的优势，日益成为设施农业基础操作规范的重要组成部分。未来应持续推动其与微生物修复、有机投入、生态调控等技术融合，构建系统性、协同性、多功能的绿色防控生态框架，为我国蔬菜生产安全、生态环境保护与乡村振兴战略提供强有力的科技支撑。

第四节　智能化机械除草与精准施药装备

随着农业现代化与绿色可持续发展理念的不断深化，传统高强度、高污染的病虫草害控制手段已难以满足新时代蔬菜安全生产和生态保护的双重要求。在绿色防控体系中，智能化机械除草与精准施药装备作为物理与机械防控的先进代表，通过融合传感识别、人工智能、机器人控制及农业信息系统技术，有效提升了作业效率和作物保护的精准性，成为引领蔬菜绿色植保变革的重要技术支撑。相较于人工除草和传统喷药方式，这类装备不仅显著减少了劳动强度和农药使用总量，更通过数据驱动的精密调控降低了非靶标风险，优化了作物生长环境，是推进病虫害绿色防控和智慧农业融合发展的重要环节。

一、智能化机械除草技术的原理、装备与应用模式

智能机械除草技术是借助传感器、计算机视觉、GPS 定位及智能控制算法实现对农田中杂草的自动识别与定点清除。其工

作机制主要分为三个步骤：目标识别、位置分析与执行控制。通过高清摄像头或多光谱成像系统，识别作物与杂草的外形差异、颜色特征或生长规律，结合位置坐标，确定杂草的具体位置和密度分布，最终通过机械臂、旋耕刀、激光等装置完成精准清除。

当前，常见的智能除草装备主要包括：①视觉识别式除草机器人，适用于大田或大棚内的畦间杂草清理；②带有AI识别系统的轨道式履带除草机，适合设施农业环境下高密度种植区的精细作业；③利用红外激光束、高频电脉冲等技术开展非接触式除草的高端装备，在特定环境下可应用于苗期或果期作物保护，避免机械损伤。

应用模式上，智能除草装备多以“巡航识别＋自动执行＋数据反馈”一体化模式运行。与传统机械相比，该类装备可根据作物行距与杂草分布自动调整行走路径与作业幅度，实现对作物根部与植株间隙的高效避让与深度清除，在多类型田块中均具良好的适应性。

智能除草不仅替代了传统人工劳动，减轻了高温、高湿条件下的人工强度，更实现了作业结果的可量化与可追溯，有效支持绿色认证与农事管理数字化转型。

二、精准施药装备的系统构成、关键技术与作业效能

精准施药装备是指利用定位导航、传感器识别、变量控制等技术，实现农药对作物、害虫靶标的定量、定点与定时喷施的智能机械系统。该装备以提高药效、减少用药、降低残留为目标，是替代粗放型喷药行为、推进农药减量化的核心工具。

该类装备通常由施药系统（如多喷头系统）、智能控制系统（含GPS/RTK定位、计算机处理单元）、药液供给系统及机动平台组成。其中，核心技术包括作物识别与目标建模、变量控制算法与喷头开关协同机制、药液雾化控制与均匀分布机制等。

根据作业场景和目标对象不同，精准施药装备主要分为以下

几类：①机载式喷药无人机，适用于露地大面积病虫防治，可根据地块信息进行路径规划与飞行作业；②履带式喷雾机器人，适合大棚或高地形复杂区的作物保护；③基于机架平台的多通道变速施药车，用于高价值作物的精量控制，具备多组数据采集与实时反馈功能。

精准施药装备在实作中可有效识别目标害虫发生区域，仅在高密度区喷施药液，避免对健康作物与环境的无效处理。据研究，在同等病虫害压力下，精准喷药技术可减少农药使用量30%～50%，喷施效率提升50%以上，显著提高了作业的环保性与经济性。

三、智能除草与精准施药的集成化应用与绿色效应

在蔬菜绿色生产体系中，智能除草与精准施药技术若能形成有机集成，不仅可实现田间防控作业的流程优化，还能显著提升植保效果的系统性与生态适应性。集成化应用通常呈现以下几种模式：

（1）通过搭载集图像识别、杂草识别与病虫害探测为一体的智能视觉系统，可实现“边识别边处理”的联动操作模式，在一次行进过程中同时完成除草、施药、记录等操作，显著提升效率并减少重复作业。

（2）借助物联网平台与农业大数据系统，精准记录病虫草害的空间分布与时序变化，实现防控策略的精细化调整。

（3）智能机械可用于生物农药、植物提取物等环境友好制剂的精准喷施，避免活性物质失活与不均匀分布造成的效能降低。与天敌释放或信息素释放技术相配合，更可实现生态防控的时空精准融合。

从绿色效应角度看，集成化智能机械作业减少了非靶标药液漂移、降低了药剂进入环境系统的总负荷，有效提升了绿色防控的生态兼容性与政策契合度。

四、装备推广中的现实障碍与创新驱动策略

尽管智能化除草与精准施药技术在技术性能上不断优化，其实际应用仍面临一系列制约因素，主要包括装备成本高、操作技术门槛高、田块适应性差、技术服务支撑不足等。

为此，需从以下几个维度推动其推广与深化应用：

（1）鼓励农业装备企业开发轻量化、模块化、低能耗的装备系统，适配小农户与合作社模式，推动从“全功能重型”向“定功能轻型”转变，降低采购与使用门槛。

（2）结合不同作物种类、栽培模式、地块形态与管理方式，开展定向适配性测试与调整设计，建立多类型作业参数数据库，提升通用性与定制化并存的装备供给体系。

（3）以基层农技推广机构为依托，建设“智能装备＋农艺指导＋技术回访”一体化服务模式，提供从选购、使用、维护到技术更新的全周期支持，增强用户黏性与技术信心。

（4）将智能植保装备纳入绿色农机购置补贴、农业数字化示范建设、智慧农场试点等政策体系，提升企业研发积极性与农户采纳意愿；推动绿色防控认证标准中增加智能作业占比指标，为高端装备建立市场准入机制。

智能化机械除草与精准施药装备是新时代绿色农业发展的关键支柱，不仅体现了农业机械化向智能化、生态化发展的技术跃升，也为蔬菜病虫草害的精准、科学、高效治理提供了现实路径。在我国农业提质增效与绿色转型的背景下，推动此类技术从“点上突破”走向“面上应用”，实现从“高性能试验”迈向“标准化常态”的转化，是当前农业科技与政策体系的重要命题。未来应围绕智能装备的自主核心技术突破、与绿色防控技术体系的深度融合以及农户友好型推广模式的创新，构建以智能化、数据化、精准化为导向的绿色防控新生态，为我国蔬菜生产高质量发展注入持续动力。

第五节　物理防控的环境友好性评估

在推动农业绿色转型与高质量发展的过程中，物理防控技术因其非化学、无残留、靶标明确、对环境友好等特点，成为现代蔬菜病虫害防治体系中重要的组成部分。相较于依赖农药的传统防治方法，物理防控强调借助物理力、光能、热能、电磁波等自然或人工作用方式，干扰、捕杀或隔离病虫草害，减少生态系统负荷，提升农产品质量安全水平。然而，随着该类技术在设施农业与露地种植中应用广度和深度的不断扩展，也带来诸如材料使用、能源消耗、生态干扰等问题。因此，科学评估物理防控技术的环境友好性，明确其生态成本与可持续性，对于建立系统完备、绿色低碳的植保体系至关重要。

一、物理防控技术的生态影响与系统风险识别

物理防控措施的初衷是通过环境调控与物理干预降低病虫危害，其本质并非直接破坏生态链，而是构建人为可控的干预屏障，以保护作物生长过程的生态稳定性。然而，在实际操作中，一些物理防控手段也可能对生态系统造成局部扰动，需加以识别与调适。

防虫网虽然有效隔离多种蔬菜害虫的迁入，但过密的网目结构也可能影响通风与自然传粉，导致作物生理功能紊乱或蜜蜂等有益昆虫无法进入；地膜覆盖在调控温湿度、防杂草的同时，若未采用可降解材质，极易形成“白色污染”，残膜积累将破坏土壤结构并干扰根际生态；高频声波与紫外诱杀设备对害虫靶标种类明确，但在光周期敏感或具有趋光特性的非靶标益虫（如瓢虫、寄蝇、蜜蜂）中也可能产生误伤。因此，在推进物理防控技术生态友好性的进程中，必须识别其潜在生态外部性，对可能产

生的不良反馈进行前瞻性预估与动态修正，真正实现对目标害物“干扰而不破坏”的绿色干预。

二、能源资源消耗与材料环境代谢分析

评估物理防控技术环境友好性的重要维度之一是其能源资源利用效率与材料环境代谢能力，尤其是在设施农业高密集作业模式下，物理措施的能源负荷与物质残余对生态可持续性构成现实挑战。

从能源视角看，高温闷棚、紫外线诱杀灯、高频声波干扰器等物理设施多依赖太阳能、电力等能源形式驱动，若长周期、高频率使用，其总能耗不容忽视。在能源结构尚以火电为主的地区，使用量的提升还可能间接增加碳排放，不利于农业碳中和目标的实现。

在材料使用方面，地膜、防虫网、反光膜等塑料制品的应用虽提升了防控效果，但若未使用可降解材料或未进行有效回收处理，将形成大量残膜污染，不仅影响土壤通透性、水分渗透和微生物活动，还可能通过碎化后进入食物链，造成更广泛的生态威胁。

为提升材料环境代谢性能，近年来国内外相继推出可降解地膜、生物基防虫网、生物光导纤维等新型材料，在功能性与环境友好性方面形成良好平衡，但成本较高、适用性尚有限。因此，在使用物理防控设施的同时，应建立材料生命周期管理机制，明确投放密度、更新周期、回收方式与降解路径，实现从源头设计到末端处理的绿色闭环。

三、物理防控与其他绿色技术的协同兼容性评估

物理防控作为绿色防控体系的重要组成部分，其真正价值不仅在于独立防控能力，更在于其与生物防治、生态调控、智能监测等其他绿色措施的协同能力。在绿色植保的集成化实践中，不

同技术之间的相互作用构成复合生态链，影响整体系统的稳定性与效能释放。

在设施农业中，防虫网的应用需兼顾天敌昆虫释放计划的空间布设，过度密封可能抑制赤眼蜂、蚜茧蜂等天敌种群的活动范围；信息素诱捕装置与光波色板组合使用时，如波长范围重叠、布设过密，也可能对信息素识别产生干扰，降低靶标吸引效率。

与此同时，智能化精准施药装备对高温、强光、高湿等田间环境条件具有一定敏感性，在与高温闷棚等技术共同使用时需对作业窗口与气象数据进行精准预判。物理技术在协调性不佳时可能成为限制系统整合效果的“短板”。因此，物理防控环境友好性的评价不可孤立进行，而应融入综合绿色技术体系的整体效能测度之中。建立跨技术指标的兼容性评估模型，明确其在多元技术组合中的作用边界与适配性，方可最大限度释放其生态效益。

四、环境友好性评价指标体系与政策导向优化建议

构建系统化、可操作的物理防控环境友好性评价体系，是推动其科学应用、政策支持和产业升级的关键前提。当前国内相关研究已初步形成包括定量测算、生态因子分析、生命周期评估（LCA）、成本效益比较等方法，并逐步融入农业绿色发展绩效考核体系。

建议从以下四类指标体系进行评估构建：

（1）能耗与碳排放类　涵盖单位面积电力、燃油等能源消耗，间接碳排放值、单位作物产值能耗强度等。

（2）材料代谢与生态干扰类　包括残膜残留率、可降解材料使用比例、非靶标生物干扰指数、有益生物影响程度等。

（3）系统兼容与生态互补类　聚焦与生物防治、信息技术、农业智能装备等绿色措施的集成协同表现，评估其在系统稳定性中的角色与作用。

（4）农户接受度与技术可达性类　通过农户满意度调查、技

术易得性分析、操作难度评估等人文社会维度，衡量物理防控的推广可能性与社会环境适应性。

在政策层面，应强化对物理防控技术环境绩效的动态监测与分级引导。针对环保效益显著、兼容性高的新型设施，应给予绿色认证、财政补贴、金融保险等政策倾斜。推动物理防控绿色标准体系的建立，明确设施配置、使用周期、废弃处理等操作规范，并引导企业、科研单位开展绿色材料替代与装备节能改造，构建以环境友好性为核心导向的物理防控技术创新机制。

物理防控技术是蔬菜病虫害绿色管理体系中不可或缺的一环，其环境友好性是衡量其可持续性与政策适应性的核心指标。从靶标精准性到能源材料循环，从生态影响控制到系统协同性强化，物理防控需在多个维度同步优化，方能真正实现“生态安全、作业高效、可持续发展”的多重目标。未来，应以生态视角为统领，构建“评估—反馈—调优—迭代”的绿色应用闭环，推动物理防控在科技进步与生态文明建设中实现更加深远的价值转化。

第六章 主要蔬菜类别病虫害绿色防控实践

第一节　叶菜类（十字花科、绿叶菜）病虫害防控

叶菜类蔬菜是我国居民膳食结构中的重要组成部分，因其生长周期短、营养丰富、市场需求稳定，广泛种植于南北各地。十字花科如小白菜、油菜、芥蓝，绿叶类如菠菜、生菜、茼蒿等，具有种植周期密集、周年可播、周年可收等栽培特性。然而，这类蔬菜叶片柔嫩、田间湿度较大，极易遭受病虫害侵袭，且频繁采收使得常规化学防治面临残留控制压力和效果衰减风险。推动叶菜类病虫害的绿色防控，是实现农业可持续发展、提升农产品质量安全、响应“双碳”战略的关键环节。

一、叶菜类主要病虫害种类与发生规律分析

叶菜类蔬菜生长期短，病虫害往往具有高发、重叠、多波次发生的特点，尤其在高温高湿的栽培条件下更为严重。十字花科蔬菜主要病害包括霜霉病、软腐病、炭疽病和白锈病，绿叶菜类常见病害则有灰霉病、叶斑病、白粉病等。其中，霜霉病广泛为害小白菜和菠菜，软腐病则多见于油菜等，在雨季或灌溉过多时尤为严重。

虫害方面，菜青虫、小菜蛾、斜纹夜蛾、甜菜夜蛾等鳞翅目害虫为主要食叶类害虫，蚜虫、蓟马等则为刺吸式害虫，不仅直接为害叶片，还可能传播病毒病，造成复合损失。近年来，随着设施农业的发展，棚室内粉虱的高温优势地位显现，对绿叶蔬菜的病毒携带与传播威胁日益凸显。

叶菜类蔬菜多为密集播种，植株间通风透光性差，极易形成高湿环境，有利于病原菌的快速繁殖和传播。此外，频繁施肥、连作重茬也是病害发生的诱因。病虫害的频发对叶片完整度、商品性和采收率影响极大，严重制约叶菜产业的绿色高效发展。

二、生态调控与物理防控措施的应用策略

在绿色防控体系中，生态调控与物理防控措施作为“前置性控制”与“非化学替代”的重要手段，在叶菜类病虫害防治中具有基础性作用。生态调控以改善作物栽培环境、削弱病虫发生条件为目标，物理防控则以物理阻隔或诱杀方式精准控制病虫种群。

一方面，通过轮作倒茬、种植抗病品种、合理密植及调节施肥灌水等生态调控手段，可从源头减少病虫发生基础。另一方面，在育苗及大田栽培过程中使用防虫网覆盖，是控制小菜蛾、蚜虫、粉虱等虫害传播的有效措施。银灰地膜的铺设能有效反光干扰蚜虫取食与落卵行为，适用于小白菜、菠菜等短周期叶菜栽培区。色板诱杀技术如使用黄板诱蚜、蓝板诱蓟马，也能有效削减虫口密度，形成“零药期”内的生态减压机制。

在设施农业中，应加强棚室温湿调控，避免连阴天后突然升温导致灰霉病、叶斑病暴发。高温闷棚处理有助于土壤病原清除，提升栽培前期的生态净化程度。生态与物理措施协同应用，可为绿色防控其他手段的实施创造有利条件。

三、生物防治与绿色药剂的替代路径优化

生物防治作为绿色防控体系中的核心技术，主要依托有益生物资源对病虫害形成生态抑制或竞争排斥作用。对叶菜类蔬菜而言，生物防治应根据病虫害发生特性与蔬菜生长节律进行适时投入与合理配置。

在虫害防控方面，释放赤眼蜂、菜蛾绒茧蜂等天敌资源是控制菜青虫、小菜蛾等害虫的重要策略。研究表明，赤眼蜂可显著降低小菜蛾卵孵化率，在苗期至初收期阶段适度释放，可减少鳞翅目害虫密度并推迟药剂施用时机。对于蚜虫等刺吸式害虫，利用七星瓢虫、草蛉等天敌资源或应用含“昆虫病原真菌”如绿僵菌的生物制剂均具有良好效果。

病害方面，应用拮抗微生物（如枯草芽孢杆菌、地衣芽孢杆菌）及其发酵液、代谢产物，在作物叶面形成“保护膜”，可有效抑制霜霉病、白粉病等真菌性病害的初侵与扩展。使用含多酚类、生物碱类植物源农药（如苦参碱、香根草提取物）也能对叶斑病等具显著抑菌作用。

绿色药剂的替代还包括纳米农药与可降解生物制剂，其雾滴粒径控制精准、残留风险低，适合叶菜类高频采收与“即采即售”种类的防控需求。需注意的是，生物防治与绿色药剂的应用应与生态调控措施协同使用，以增强其稳定性和田间表现，避免孤立施用带来的控害波动。

四、智能监测与精准管理机制的融合推进

叶菜类蔬菜生产周期短、种植频次高，病虫害发生时间窗口窄且密集，传统人工经验防控方式已难以适应绿色生产的高时效要求。建设基于物联网和数据分析技术的智能监测系统，是提升防控决策精准性、提高响应效率的关键路径。一方面，安装虫情监测灯、图像识别摄像头等终端设备，可对小菜蛾、菜青虫等高

发虫种进行实时种群动态监测。结合历史气象数据和本地物候期，利用预警模型预测病虫发作高峰期，为天敌释放、诱杀设施布设与药剂选择提供科学依据。另一方面，借助精准施药装备，如智能喷雾器、变量控制装置等，可在监测系统发出预警后进行区域定向处理，减少非靶标作物损伤与农药用量。基于 GIS 系统的区域病虫害分布图可用于统筹规划作业线路，形成集“监测—分析—施治”为一体的闭环式绿色防控管理模式。此外，将智能化管理平台与农户种植日志、土壤养分传感器、灌溉系统联动起来，可实现病虫害与水肥一体化管理同步调节，从而优化作物生长环境，增强植株对病虫害的自然抵抗力。未来绿色防控将更趋向“数据驱动+生态协同”的新型发展模式。

叶菜类蔬菜病虫害绿色防控不仅是保障农产品安全的现实需求，更是落实农业绿色发展战略、实现生态与生产双赢的关键路径。在十字花科与绿叶类蔬菜病虫害防控中，应以生态调控为基础，物理防控为屏障，生物防治为核心，智能技术为支撑，构建多层次、多技术融合的绿色防控体系。实现从预警监测到精准防控、从风险规避到系统优化的全过程绿色治理，最终推动叶菜类蔬菜生产由“药依赖”向“智调控”转型升级，为我国高质量农业发展提供技术保障与生态范式。

第二节 果菜类（茄科、葫芦科）全程绿色管理

果菜类蔬菜（如番茄、茄子、辣椒、黄瓜、西葫芦、丝瓜等）因其果实营养丰富、深受消费者喜爱，在我国蔬菜产业中占据重要地位。然而，其丰产的同时伴随着复杂的病虫害压力，典型如晚疫病、疫霉病、根腐病、瓜实蝇为害、蚜虫病等，且设施化栽培使高湿高温环境利于病原传播与害虫繁殖。在绿色防控框架下，对果菜类进行全程系统化管理，不仅是保障质量安全的关

键，也是落实绿色农业政策、实现生态转型的示范路径。

一、果菜类主要病虫害识别与发生规律解析

果菜类蔬菜的主要病虫害具有病害种类多、发病快速、传播路径多元、抗性发展快等特点。以茄科为例，番茄晚疫病可导致叶部、果实腐烂，而疫霉病也广泛发生，严重损害根茎系统。茄子和辣椒则易受蚜虫、蓟马、菜青虫、斜纹夜蛾等的为害，且蚜虫可传播病毒，如辣椒花叶病毒、番茄黄化卷叶病毒。葫芦科作物如黄瓜、西葫芦易受瓜实蝇、黄瓜花叶病毒、白粉病等侵扰，且根腐病高发于设施条件下。

其发生规律多与气象条件（高温、多湿）、高密度种植、轮作不充分以及塑料覆盖导致的小气候稳定有关。设施蔬菜中的空间闭合性增强病原侵染扩散，且频繁灌溉容易造成土壤水分过饱。果菜生长周期内往往出现多次病虫潮，给绿色防控带来持续性挑战。

为了精准实施绿色防控，识别目标病虫害及其发生规律、传播路径与诱因是关键。需对设施棚内温湿度、光照强度、空气流通与土壤水分等参数进行长期监测，形成病虫害发生预测与时空分布模型，为后续干预提供数据支撑。

二、生态调控与物理防控技术的综合应用

（一）生态调控策略

生态调控旨在优化种植环境，降低病虫发生条件。科学选择抗病品种、合理配比作物结构与种植密度、辅以适度通风与生境调节，可抑制高湿环境诱发的病害。番茄棚采用条播搭配通风袖墙结构可有效降低棚内湿度；轮作豆科可改善土壤结构、截断疫霉传播链，同时辅助释放共生固氮菌，增强植株抗性。另一方面，种植边缘带花卉吸引寄生蜂、有益益虫，形成辅助病虫生物防线。

（二）物理防控方法

物理防控通过材料或物理力作用阻断虫害传播、改善田间环境。防虫网、银灰地膜、色板诱杀与高频声光诱杀等技术在设施和露地果菜中具有应用价值。

（1）防虫网　茄虫、瓜实蝇等害虫的迁入可被物理隔离。成熟阶段应选用不同孔径网罩守门避虫。

（2）银灰地膜　反射光线迷惑蚜虫与蓟马，减少其在叶面停留、繁殖与病媒传播机会。

（3）色板诱杀与光诱　以黄色板诱杀蚜虫、粉虱；高频灯诱捕夜飞害虫如瓜实蝇。

（4）高温闷棚与蒸汽消毒　一种协同增效的前期处理技术处理组合，改善土壤有害物源环境。

这些措施无需农药即可实现有效屏障，适用于苗期覆盖或持续性防控阶段。

三、生物防治与植物源物质干预技术

（一）天然天敌释放

释放天敌昆虫是果菜绿色防控的重要技术路径。赤眼蜂、寄生蜂、瓢虫、草蛉等能有效控制蚜虫、菜青虫、瓜实蝇等害虫种群。空间立体覆盖（设施内＋边缘生态带）与周期性释放相结合，形成稳定天敌种群，有助于建立虫口低密稳定态。

对于如瓜实蝇产卵后幼虫侵入果实，物理防虫难以直接触及，此时结合诱虫设施（黄板诱捕＋信息素干扰）与赤眼蜂释放，有效遏制梨果片区害虫发生。

（二）微生物杀虫与拮抗处理

结合Bt、白僵菌、绿僵菌、地衣芽孢杆菌等微生物制剂，因其对目标虫害或病原具有较高选择性，可作为绿色化替代药剂。青霉素诱产白僵菌在方案性喷施中可减缓芥菜流行期虫害，也可与植物源成分形成协同效应。

针对晚疫病可喷施巴斯德芽孢杆菌等拮抗菌剂，通过竞争抑制真菌病原，减少霉源感染率。防治效率与微生物剂生产制剂技术的稳定性密切相关，建议配合纳米化乳液制剂提升田间持效期。

（三）植物源活性剂的辅助应用

植物提取物如茶树油、洋葱素、苦参碱等，对果菜病虫害具有多模式作用（驱避、杀虫、诱导抗性）。香柠檬素与白粉病控菌剂协同喷洒，在黄瓜、水瓜等果菜能显著抑制白粉病暴发。

实现植物源与微生物剂联用，对提高绿色控制稳定性和系统兼容性有重要价值。

四、智能监测系统与精准绿色管理机制

（一）病虫害智能预警系统

果菜类设施多面临高湿高温，疫情暴发快、周期短。偏传统人工监测存在预警不足，智能化系统通过搭载气象传感器、影像识别、虫情诱捕装置等终端，可实时采集温湿度、虫情趋势、病斑图像等数据，形成动态预警平台。

该平台可结合历史数据与模型，分析晚疫病暴发风险、蚜虫聚集趋势，为放置防虫网、释放天敌或喷施剂量提供科学依据，从“盲施、全覆盖”转向“实时监测、精准响应”。

（二）变量施药与设备链接

典型系统包括地面履带式履带喷雾机器人和喷药无人机。机器人配备基于摄像识别的定位系统，仅在发现病斑、虫口区域开启喷头，减少非靶标喷洒30%～50%。无人机适用于大棚顶部难触达区域喷雾，配合GPS与激光定位，可实现多通道药液混合、精准投药。

系统能量传输稳定、作业效率高，减少二次施药次数，是果实期保健的关键装备之一。

（三）农场全周期数据整合管理

通过GIS和智能管理平台，整合设施地图、气候数据、监测预警、作业记录，实现从苗床至收获期全过程绿色管理闭环。集成指标包括，每棵植株农药残留检测频次、害虫数量变化曲线、肥水供给调控记录等，为绿色认证、品质评估提供可溯源证据，也支持农户决策与防控升级。

果菜类蔬菜作为消费热点，其绿色可持续生产贯穿全生育周期，需系统化整合生态调控、物理阻隔、生物干预、植物源辅助与智能监测施治机制。全周期绿色管理不仅提升产出质量、减少农药残留，更能激励生态循环系统构建，提高农场整体抗风险能力与政策符合度。在未来农业发展阶段，果菜绿色防控体系将以技术融合与智能驱动为核心，构建面向零残留、低碳产出的现代农业典范。

第三节　根茎类（薯芋科、伞形科）土传病害防控

根茎类蔬菜在我国蔬菜产业中占据重要地位，涵盖马铃薯、甘薯、芋头等薯芋类作物，以及胡萝卜、芹菜、香菜等伞形科作物。这类作物以地下根茎为主要食用器官，直接与土壤环境接触，极易受到土传病害的侵染。近年来，随着设施农业与集约化种植的推广，连作障碍和土壤生态失衡问题日益突出，使得土传病害的发生频率和危害程度明显加剧。传统化学药剂在土传病害防控中的使用存在污染残留、抗药性增强等问题，已难以满足绿色农业发展的要求。因此，构建科学、高效、环境友好的根茎类蔬菜土传病害绿色防控技术体系，成为推动农业可持续发展的关

键环节。

一、根茎类土传病害的发生特点与病原谱系

根茎类蔬菜土传病害的类型繁多、病原复杂，既包括真菌性病害，如马铃薯枯萎病、甘薯黑斑病、胡萝卜软腐病等，也有细菌性、线虫性及其他病原微生物引发的生理性障碍。其中，以茄病菌、腐霉菌、镰刀菌等真菌为主导的土传病害最为常见，在高温、高湿或连作土壤条件下极易暴发。

马铃薯的黑痂病在我国北方马铃薯主产区广泛分布，为害马铃薯地上与地下多个器官，导致地上部矮化、叶片黄化及地下部根茎形成障碍。甘薯则易感染茎腐病和黑斑病，其病原包括甘薯镰刀菌和黑斑病菌，常通过病薯或带菌土壤传播。胡萝卜软腐病和黑腐病在湿润土壤中传播迅速，多由青枯雷尔氏菌或根肿菌引发，严重时可致全田减产。此外，根结线虫在薯芋类和伞形科蔬菜中普遍存在，其寄生根系后形成结瘤，阻碍水分与养分的吸收，并常诱发次生病害，形成“复合病害”局面，增加防控难度。

二、绿色防控的基础思路与综合策略

绿色防控强调生态调控、生物防治、物理阻隔与农业措施的协同应用。在根茎类土传病害防控中，首先需转变传统“见病施药”的被动应对思维，树立“源头防控、生态干预”的理念。通过构建健康的根际微生态系统，抑制病原菌繁殖，提升植物抗性，成为防控工作的核心。

针对土壤环境的调理同样关键。通过施用腐熟有机肥、生物有机肥，结合微生物菌剂（如枯草芽孢杆菌、地衣芽孢杆菌）改善土壤理化性质，激活有益微生物群落，有效竞争性抑制病原菌，形成“生防菌主导”的根际微生态。此外，控制田间水肥管理，避免过湿和氮素过量施用，也是遏制软腐病、青枯病发生的

基础条件。

三、关键生物防治资源与应用技术

近年来，生物防治在根茎类土传病害管理中取得实质进展。其中，利用拮抗微生物构建生物屏障成为核心路径。枯草芽孢杆菌因其代谢产物具有强抑菌活性，已广泛用于马铃薯黑痂病和甘薯黑斑病防控；而哈茨木霉可直接寄生病原菌，并通过诱导宿主产生系统抗性，在胡萝卜软腐病、芋头根腐病中表现良好。

此外，植物源抗病剂如香芹酚、芸苔素内酯等已被用于诱导植物产生过氧化氢、抗菌蛋白等防御物质，对减轻病原侵染具有积极意义。此类诱导物在发病初期施用，常可显著降低病害指数，减少病原定殖。

在应用技术方面，微生物制剂的定点施用方式尤为关键。一方面，采用沟施、穴施、种薯包埋等技术手段，使拮抗微生物与作物根系充分接触，提升定殖效率；另一方面，在播种前进行土壤生物熏蒸处理，如利用芥子气体释放物或绿肥翻耕后快速密闭处理，有助于杀灭病原菌并激活微生物群落更新。

多项田间试验表明，结合生物菌剂与低剂量药剂的“生物-化学”综合施策，在减少农药施用的同时，可实现与传统高毒药剂相当的防治效果，有效推进绿色生产标准。

四、物理干预与生态屏障构建策略

在绿色防控体系中，物理手段为根茎类土传病害控制提供了重要支撑。其中，高温闷棚是一项有效的消毒技术，适用于设施种植地块。在夏季高温时期，通过覆盖塑料薄膜，并适当灌水提高土壤湿度，使土温在30℃以上持续10～15天，可杀灭多种土传病原菌及虫卵，尤其对镰刀菌、腐霉菌及根结线虫效果显著。研究表明，经高温闷棚处理的土壤，其病原负荷量减少80%以上，同时有益微生物在恢复期内逐步占据优势，有利于形成新的抗病微生态系统。

此外，地膜覆盖与秸秆还田联合措施，对缓解病原传播路径和改良土壤环境具有双重作用。在马铃薯种植中，采用银黑双色地膜既可提升土壤温度，又能抑制病原上浮扩散；而在胡萝卜和香芹田块中，应用可降解生物膜配合微滴灌，控制湿度积聚，也能有效遏制软腐病和黑腐病发生。

更为生态化的物理策略还包括通过建设生物篱笆、保留田埂植被带等方式，阻断田间病原菌扩散路径。这类生态屏障系统不仅有助于减少病害传播，还能为天敌昆虫和有益微生物提供栖息环境，在一定程度上实现病虫害的“生态压制”。

值得注意的是，在整合使用物理手段时，需充分考量不同作物根系分布、耕作制度及病害种类的差异，科学调整实施时机与强度，避免对土壤结构和有益生物造成破坏，保持绿色防控的可持续性。

根茎类蔬菜土传病害的绿色防控已成为当前农业可持续发展战略中的重点难题。其复杂的病原种类、多样的寄主结构以及广泛的生态适应性，决定了防控策略必须以系统性和生态性为导向。通过深入识别主要病害谱系，构建以抗病品种选育、生物防治资源优化、土壤健康管理和物理干预为核心的综合防控技术体系，能够有效打破“病源—环境—寄主”三位一体的侵染循环。

在今后的研究与实践中，应进一步加强土壤微生物组与根际互作机制的基础研究，推动生物制剂靶标化、高效化及定向应用技术的落地。同时，应注重不同区域、不同作物与不同耕作制度下绿色防控模式的差异化集成，避免照搬照抄带来的防效波动与资源浪费。

绿色防控不仅是技术选择，更是农业发展理念的转型。在多学科融合、生态农业兴起和消费者对安全农产品需求不断增长的背景下，根茎类蔬菜的绿色病害管理应更加重视生态系统整体功能的维护，实现从“病害治理”向“土壤健康、作物抗性、生态稳定”三位一体目标的转变。通过技术集成、机制创新与制度保障的协同推进，方能真正实现“控病增产、减药提质”的绿色农业愿景。

第四节 设施蔬菜环境调控与病虫害抑制

设施蔬菜生产作为现代农业集约化、精准化发展的重要体现，已成为我国蔬菜供给的重要支柱。设施主要类型包括日光温室、连栋大棚、玻璃温室等，具有可控性强、产量高、周年生产等显著优势。然而，封闭环境下的高温、高湿、高密种植条件，也为病虫害暴发提供了温床，尤其是灰霉病、霜霉病、白粉病、蚜虫病、蓟马病、粉虱病等的频繁发生，严重影响了设施蔬菜的品质与产量。

一、设施环境对病虫害发生的驱动机制

设施蔬菜环境的封闭性、人工调控性与高密度种植条件，导致其内部气候特点显著不同于露地种植。在这种特殊生态系统中，温度、湿度、光照及空气流动等因子的微小变化，均可能成为病虫害发生的关键诱因。

一方面，高温高湿环境极易诱发真菌性病害的迅速扩散。以灰霉病为例，当空气湿度超过90%、棚内温度在15～25℃之间时，其分生孢子萌发和侵染活性显著增强，特别是在植株郁闭、通风不畅、湿度积聚的区域尤为严重。另一方面，设施空间的温差变化及高氮施肥模式，常常使作物徒长，叶片薄而多汁，抗病能力下降，为病虫害侵染提供了生理基础。

此外，设施内自然敌害数量较少，且生态链结构不完善，蚜虫、粉虱、蓟马等害虫繁殖周期短、世代重叠，在缺乏自然调控的条件下极易成灾。再加之设施内人为干预频繁，农事活动往往

成为病虫传播的重要媒介，加剧了病虫害扩散的范围与速度。

二、温湿度调控与病原生境抑制机制

在设施蔬菜病害防控中，环境因子的调控具有决定性作用。温湿度是影响病原微生物生长与传播的核心因子，通过科学控制温湿度，可有效破坏病原菌生存与繁殖条件，构建不利于其发展的生境屏障。

（1）合理管理温度，特别是在夜间采取保温限湿措施，是抑制霜霉病、灰霉病等低温高湿性病害发生的关键。

（2）通过水分管理减少叶面结露时间，是防控病害传播的重要手段。采用滴灌替代喷灌，避免人为加湿，加快棚内湿气散发，可显著减少病害流行风险。在种植密度设计上，应保证适当的株行距，避免植株间通风受阻，进而导致叶片持续潮湿。此外，通过在棚顶设置防结露膜或应用纳米反光材料，可提升棚体内光热调节能力，增加光照强度，抑制病原孢子活性。

在湿度难以控制的春秋换季阶段，可采用自动通风系统、智能排湿风机或节能热风炉进行同步调控，尤其是在连续阴雨天气期间，人工干预成为防病的必要补充手段。实践表明，日均湿度降低10%，可使灰霉病发病率减少30%以上，防控效果优于常规药剂喷雾。

三、病虫害协同调控与生防措施整合

在设施蔬菜系统中，病虫害呈现出复合化、多代重叠与快速演化的趋势，单一措施往往难以实现有效控制。因此，应构建“病虫同防、环境协同、生防优先”的综合调控技术体系，将多种绿色防控手段有机整合，实现协同增效。

生物防控措施在设施农业中具有独特优势。应用拮抗微生物如哈茨木霉、解淀粉芽孢杆菌等，能在植物根际或叶面定殖，抑制病原菌侵染，并诱导作物产生系统抗性。在番茄灰霉病防治中，木霉属真菌与枯草芽孢杆菌混合制剂在发病初期使用，防效达70%以上，且无药残问题。同时，这些微生物还可与有机质协同改善土壤微生态环境，增强根系活力，从源头提升作物抗逆力。

针对虫害，释放天敌昆虫（如捕食螨、寄生蜂）已在部分高端设施中实现常态化。以茶黄螨为例，利用加氏捕植螨进行田间定点释放，结合遮光网与诱虫板辅助布设，可在数日内显著压低虫口密度。此外，利用昆虫信息素进行诱捕和交配干扰，也可有效抑制粉虱、棉铃虫等主要设施害虫的繁殖扩散。在病虫害协同防控中，应特别强调时间节奏与生防制剂的精准施用窗口，避免药剂或环境因子对生物天敌的干扰。

设施病虫害防控还需加强预防性措施的系统性部署。在播前可对基质进行太阳能高温消毒，播种后实施防虫网封闭管理，同时结合定期喷洒植物提取物（如苦参碱、印楝素等）进行生态压制，形成系统化的病虫联控闭环。

四、智能调控与信息化支持体系建设

随着信息技术在农业领域的深入渗透，智能化环境调控系统逐渐成为设施蔬菜病虫害绿色防控的重要支撑工具。通过对温湿度、CO_2 浓度、光照强度、病虫种群动态等数据的实时采集与分析，可实现病虫害风险预警、精准调控和动态管理。

当前应用较广的是基于物联网的“智能温室”系统。其核心在于通过传感器网络对大棚内微环境变化进行实时监控，并结合控制执行端（如卷帘机、风机、水帘、补光灯等）自动调节作物生长环境，确保各项指标处于最适宜范围。

在病虫预测方面，基于图像识别与人工智能的害虫识别设备、数字孢子捕捉器等正逐步应用于生产一线，可自动捕捉蚜虫、蓟马、白粉虱等害虫图像，通过数据库比对与算法判定，快速识别虫情等级并触发防控响应。同时，结合病虫害时空分布数据库与气象模型建立预测曲线，可在高风险时期进行针对性生防措施布设，提升防控效率。

智能系统的运行还依赖于数据平台的支撑与服务终端的普及。在一些示范区已建成农业云平台，集成环境参数、虫情监测、施肥灌溉、作物长势图谱等信息，实现可视化操作与数据驱动管理。对于大中型设施基地而言，这一系统提升了病虫防控的科学性与响应速度，而对小农户而言，则有赖于服务组织或合作社的“托管式”服务，推动技术下沉与普及。

设施蔬菜的绿色防控，不仅是病虫害治理范式的更新，更是农业生产方式、环境伦理与技术路径的系统变革。从实践层面来看，实现绿色防控目标需构建“调控为纲、预防为主、多元协同、智慧支撑”的技术框架。在具体操作中，应强化设施农业标准化建设，完善环境调控基础设施，提高农户操作技能，并建立以农技推广人员、智能系统服务商、生物制剂企业为主体的技术协同服务机制，保障绿色防控手段的落实。

未来的设施蔬菜防控应更加注重多学科交叉融合，在植物病理学、生态学、人工智能、气象科学等领域实现知识共享与系统建模，不断提升病虫预警的精准性与干预策略的科学性。同时，应加强制度设计与政策引导，将绿色防控纳入农业生态补贴、绿色农产品认证与市场激励体系，为绿色农业的全面推进提供持久动力。

第五节 露地蔬菜生态种植模式案例

露地蔬菜是我国蔬菜生产体系中最为广泛的一种生产方式，具有投入成本低、适应性广、区域性强等特点，长期以来在保障“菜篮子”工程、推动农民增收和促进乡村振兴中发挥着不可替代的作用。然而，露地蔬菜易受气候变化、病虫害暴发及土地退化等因素制约，绿色防控理念的有效落地成为保障其可持续发展的关键。

一、“豆蔬间作＋生物调控”模式

四川省平昌县作为典型丘陵地带，土地碎片化严重，适宜发展低投入的露地作物。当地在萝卜种植中引入了“豆蔬间作＋生物调控”模式，有效缓解了连作障碍带来的根肿病频发问题。

具体做法是：每亩地按比例交错播种萝卜与蚕豆，两种作物根系深浅互补，通过提升土壤结构多样性和根际微生物多样性，显著抑制病原菌扩繁。蚕豆根系共生固氮菌可调节土壤氮素平衡，缓解萝卜旺长导致的病害倾向。此外，在种植过程中引入枯草芽孢杆菌与哈茨木霉联合制剂，在萝卜播种前沟施于作穴中，抑制根肿病原 *Plasmodiophora brassicae* 的孢子萌发和侵染。

试验结果显示，该模式下病害指数比传统单作下降 62.4%，平均亩产提高 12.8%，农户经济效益大幅提升。更为重要的是，农药使用量同比减少近 50%，种植户对绿色防控认同度明显增强，为后续政策性推广创造了群众基础。

二、“生态隔离带＋诱导抗性”模式

在华北露地蔬菜主产区河北滦南，甘蓝作为春秋两季集中栽培的主要蔬菜，常因蚜虫传播病毒病与霜霉病复合发生，导致大面积减产。为破解这一难题，当地农业主管部门推动“生态隔离带＋诱导抗性”集成模式建设，实现了病虫源头拦截与作物抗性提升的双重目标。

该模式主要由三部分构成：一是田块外围种植玉米、高粱等高秆植物形成天然风障和害虫屏障，阻断外部虫源进入主栽区域，同时降低病毒传播速度；二是在田间种植区域内部布设金盏花、迷迭香等具有驱虫功能的伴生植物，通过释放挥发性物质扰乱害虫定位，增强田间的“气味干扰”效应；三是在甘蓝苗期喷施芸苔素内酯、壳寡糖等诱导剂，激活植株抗病基因表达，从而在发病前构建预防机制。

经过 3 年连片试验，该区域内甘蓝病毒病发病率由原来的 32.1%降至 9.6%，霜霉病发病延迟约 7 天，农药施用频率减少 40%以上，同时未影响商品性与产量稳定。该模式对田块生态边界构建和作物自身防御机制的双重调动，使防控路径不再依赖药剂，而是从生态系统本身出发，具有高度可持续性。

三、“废弃物还田＋病虫循环抑制”模式

山东寿光作为全国闻名的蔬菜之乡，在露地黄瓜种植中也面临重茬地病害高发、秸秆废弃物污染等问题。为构建可持续的绿色种植体系，当地探索出“秸秆还田＋土壤改良＋生态抑病”的绿色闭环技术路径，成为全国蔬菜绿色发展典范之一。

具体技术要点包括：一是将黄瓜收获后的植株残体、玉米秸秆、豆秆等按比例粉碎还田，并同步添加生物炭和腐熟剂，通过高温堆肥与腐熟发酵，转化为可降解有机质，促进土壤团粒结构形成。二是秸秆还田同时联合施入地衣芽孢杆菌、胶冻样青霉等拮抗菌剂，在提高地力的基础上，强化对根腐病、立枯病等土传病原的竞争性抑制作用。三是在翻耕过程中结合深松处理，避免秸秆集中堆积诱发厌氧性病害，同时提升作物根系穿透力与通气性。

项目区连续三年应用该模式后，土壤有机质含量由 0.9%提升至 2.1%，病原菌活性降低 67%，黄瓜病毒病发病率下降超过 50%，农药投入量减少 35%左右。更重要的是，原先难以处理的农田废弃物得以资源化利用，推动形成“种养结合＋有机循环”的绿色农业闭环，兼顾生态修复与病虫防控的双重价值。

四、“高低作物配置＋景观农业导入”模式

在南宁市近郊区的田园综合体示范建设中，蔬菜生产不仅承

载着食物供给功能，也承担着生态修复、休闲旅游和非遗文化传承等多重任务。为此，当地采用“高低作物配置＋生境重构＋文化景观介入”模式，使露地蔬菜种植融入复合农业系统之中，病虫害防控也因此从单一目标转向生态共生策略。

核心做法包括：①在作物配置上采用“高低错落”结构，合理搭配豆科类、花卉类、绿肥类作物作为伴生系统，提升多样性，构建作物-微生物-天敌三维协同系统。②在田间布设人工湿地、小型生态沟渠与可调节池塘，调节微气候、增强空气流通，打破病原滋生链。同时，这些生态构造物也为青蛙、蜘蛛、瓢虫等天敌昆虫提供栖息环境，提升自然调控能力。③引入“非遗植物”与“传统农艺”元素，如种植具有驱虫功能的艾草、藿香，并通过“农业＋文旅”的运营模式吸引游客参与农耕体验，在提高农民收益的同时，扩大绿色防控的认知影响力。

该模式下病虫害发生呈现出明显的生态压制趋势，番茄疫病、白粉虱、螨类等常见问题显著减少，整体蔬菜产量保持稳定甚至略有提升，且附加值空间不断拓展。该案例表明，绿色防控不仅是“技术问题”，更是农业空间重构与乡村文化传承的有机结合，体现了绿色发展与生态文明共建的新路径。

从四川平昌的“豆蔬间作＋生防抑病”，到河北滦南的“隔离带＋抗性诱导”，再到山东寿光的“废弃物循环还田”与广西南宁的“景观农业导入”，各地在露地蔬菜生态种植模式中形成了多样化的绿色防控探索路径。这些案例表明：绿色防控不应拘泥于单一病虫问题的局部治理，而应融合作物种植结构、土壤营养管理、生物多样性重构及社会文化要素的系统集成。

从病虫防控效果看，生态种植模式通过调动自然调控因子与人工干预手段的协同，成功构建了“非药剂依赖型”的防控体系，体现出绿色、高效、低成本的综合优势。从推广逻辑看，各地模式紧贴本地资源禀赋与农户接受度，在农技、制度与文化三个维度上均展现出一定的复制价值，值得在更大范围内探索适宜的推广机制。

未来的露地蔬菜绿色防控体系构建，应进一步推动技术标准化、农民培训常态化与基层服务组织网络化。与此同时，应引导地方政府将生态种植模式纳入乡村振兴与农业绿色发展政策体系之中，形成政策-技术-市场三位一体的支撑结构。唯有如此，才能真正实现从“看得见的增产”到“看不见的绿色安全”的系统性跃升，推动中国农业由高产导向走向质量安全与生态友好的战略转型。

第七章 绿色防控技术集成与标准化

第一节 区域适应性技术模式构建

我国幅员辽阔、气候类型多样、地貌结构复杂，不同区域在蔬菜种植模式、病虫害发生谱系、生态环境条件等方面存在显著差异。在此背景下，蔬菜病虫害绿色防控工作若沿用“一刀切”的技术路径，不仅难以发挥应有效能，反而可能因模式错配导致防控失效甚至资源浪费。因此，构建因地制宜、生态匹配、技术融合的“区域适应性绿色防控技术模式”，是实现绿色防控技术从试点应用向全面推广跨越的关键举措。

区域适应性技术模式的构建，不仅是对绿色防控理论的本土化实践，也是农业可持续发展理念落地的重要体现。其核心在于充分识别并响应区域生物地理特征、作物种植习惯、主导病虫种类以及农户认知行为等差异，整合已有绿色技术手段，形成符合区域现实条件的绿色防控集成技术体系。

一、区域生态特征与主导病虫发生谱系识别

区域生态系统特征是绿色防控模式构建的基础条件，其涵盖地形地貌、气候因子、水土资源、生物群落等要素。其中，病虫害的空间分布及演替动态在很大程度上受到区域环境因素

的调控。

以华北平原为例，该区域属温带季风气候，春秋季温湿交替频繁，灰霉病、霜霉病及病毒病等为主要病害类型，蓟马、蚜虫、粉虱等为高频害虫。在江南丘陵区，由于高湿与高温共存，易诱发软腐病、疫病、炭疽病等病害；而在西南山地与滇桂盆地等立体气候显著的区域，则病虫种群呈现多样化、复合化趋势。因此，在模式构建初期，需对区域内高发病虫种类、季节性动态、传播路径、土壤与气候敏感性等开展系统调查与评估。

二、绿色防控路径的区域分类与技术组装逻辑

区域适应性绿色防控模式的构建，需从宏观结构层面确立分类框架，再在此基础上对具体技术进行模块化组装。基于当前实践，可将全国蔬菜主产区大致划分为以下几类：设施集约型区域（如山东寿光、河北滦南）、露地高温高湿型区域（如两湖地区）、冷凉山区型区域（如贵州高原、陕南山区）、干旱绿洲型区域（如甘肃河西走廊、新疆南疆）等。

（1）在设施集约型区域，主要问题为病虫害的快速扩散和抗药性积累，因此需重点集成生物防治、物理阻隔、环境调控等模块。典型路径为："抗病品种＋天敌释放＋环境通风控湿＋智能预警系统＋限量绿色农药"。

（2）在高温高湿露地型区域，需注重作物布局优化与生态调控手段结合，避免病害流行性暴发。宜构建"轮作换茬＋生态隔离带＋植物源农药＋诱导抗性激活"技术组。

（3）冷凉山区型区域病虫压制较为自然，但地形破碎、病害隐蔽性强，应侧重于"区域病原调查＋土传病害拦截＋草本天敌引入＋生态休耕制度"的整合路径。

（4）干旱绿洲型区域则水资源紧张，应结合"精准灌溉＋微生物根际防控＋太阳能高温消毒＋少扰栽培"模式，实现防控与节水兼顾。

技术组装逻辑需坚持“病虫源-传播路径-生态位-技术效应”四位一体设计思维，即根据特定区域的病虫发生规律，选取对口技术措施，并确保各环节无缝衔接、互为支撑，从而形成真正具有区域响应能力的综合防控模式。

三、典型区域适应性模式的构建实践

为推动绿色防控的广域覆盖，各地在不同气候生态带构建并试验了一批具有代表性的区域适应性绿色防控技术模式，这些模式通过集成优势技术、调动农民参与、适应区域作物特性，在实践中取得良好效果。

在江苏盐城，依托沿海平原的盐碱土改良工程，当地构建“高垄双行＋诱虫带＋天敌释放＋水肥一体化管理”技术体系。该模式将黄板诱虫与瓢虫释放同步推进，同时引入蚜茧蜂等本地化天敌昆虫进行立体防控，并结合水溶肥微灌技术控制田间湿度，显著降低了病毒病和蚜虫暴发风险，已在沿海蔬菜基地广泛推广。

在云南红河，以“立体种植＋驱避植物带＋微生物菌剂＋气象感知预警”为核心的区域生态防控体系逐步形成。当地以番茄、辣椒等为主栽作物，通过搭架立体栽培有效提高光照通风条件，减少病害积聚；田间辅种天竺葵、藿香等驱虫植物增强气味屏障；而在高发期前通过基于历史气象数据的病虫预警系统，指导农民合理安排施用生物农药，控制时效性与频率，保障作物稳产高产。

在宁夏中部干旱带，当地依托节水型现代农业体系构建了“滴灌控根＋覆盖栽培＋土壤消毒＋耐旱抗病品种集成”路径，实现了绿色防控与资源节约的协同目标。通过膜下滴灌与植株空间管理，有效调控田间温湿环境；结合深层次土壤改良与根结线虫定点治理，大幅减少连作障碍影响，为类似干旱区域提供了有价值的模式范本。

四、技术模式落地的推广机制与保障路径

区域适应性绿色防控模式的构建不仅在技术体系上要求科学整合，更需在推广路径与机制设计上强化可行性保障。当前制约绿色防控模式落地的瓶颈主要体现在三方面：技术认知不足、推广成本高、制度支持不强。因此，应从以下四个方面强化支持机制：

（1）加强技术集成平台建设　通过省级或地市级农业科研机构牵头，建立“绿色防控技术集成实验站”，开展区域生态调查、田间验证、农艺适配、技术组装等全流程服务，并输出模式化、可复制的技术模板，供基层农业服务组织推广使用。

（2）推进标准化培训体系建设　组织开展“区域绿色防控技术大讲堂”“农技员包片入户”等形式，提升基层推广队伍对区域模式的理解能力与操作规范性。同步开发线上微课、可视化操作视频等辅助材料，构建“专家—农技员—农户”三层互动的知识传播网络。

（3）完善财政激励与生态补贴机制。通过设立“绿色防控模式示范田”专项资金，对采用区域绿色技术并显著减少农药使用的农户给予差异化奖励。同时，将绿色防控纳入农业保险、绿色认证与生态产品价值转化体系，增强农户应用积极性与经济收益感知。

（4）推动绿色文化传播与认知培育　结合各地非遗农业文化资源，如传统农耕技艺、地方品种保护等，开展绿色农业节、农事文化展等活动，使绿色防控技术融入地方文化认同，增强社会公众与基层农户对区域适应性技术的接受度与内生动力。

区域适应性绿色防控技术模式的构建，不仅是技术逻辑的合理组合，更是对“人与自然和谐共生”理念的本地化体现。它以区域生态差异为基础，以作物病虫发生规律为线索，通过科学集成与本地调适，打破了传统防控模式的片面性和静态性，实现了

绿色防控的动态响应与持续演进。

区域适应性模式的完善仍需不断引入新兴技术，如人工智能、大数据预测、遥感监测等工具，提高病虫风险评估的精准度和响应速度。同时，也要加强与地方非遗文化、生态治理机制的融合，使绿色防控不仅成为农业发展的技术支点，更成为社会生态文明建设的重要支撑。

第二节 病虫害防控技术规程制定

绿色防控技术作为现代农业高质量发展的关键支撑，其系统性、可操作性和适应性愈发成为农业科技推广和标准化管理的核心要求。随着国家绿色农业政策体系的不断完善，以及蔬菜病虫害综合防控理念的深入人心，仅靠零散的技术手段和经验性操作已无法满足绿色生产对安全、科学、高效的现实诉求。在此背景下，推动病虫害防控技术规程的标准化制定，不仅是实现技术体系集成化的客观需要，更是保障技术落地效果、提升农业整体治理能力的重要路径。

一、绿色防控规程制定的系统逻辑

绿色防控规程作为农业标准化建设的重要组成，其核心在于将复杂的生态调控、防控措施、应用条件和作物特性进行有机整合，从而形成一套具有逻辑清晰、实施高效、考核明确的防控操作体系。

（1）规程制定应以“病虫害发生规律”为基础，以“作物品类和生育期”为主线，对关键病虫害的发病时间节点、传播路径、致害机制等开展详实研究。规程结构需体现分阶段、分区域、分类型的技术匹配特征，使之兼顾普适性与针对性。

（2）规程内容必须实现多技术要素的组合设计，突出“生态调控＋生物防治＋物理技术＋安全用药”的统筹应用逻辑，避免片面强调单一技术而导致系统失衡。每项措施应明确技术要点、使用条件、频率强度和评估指标，为基层农户和农业服务机构提供简明高效的操作指南。

（3）规程应强调绿色防控与传统经验、现代科技的有机融合，既包含非遗农艺如间作套种、秸秆还田等传统生态智慧，也应纳入遥感监测、智能识别、数据决策等现代数字技术内容，实现“低成本、高效率”的现实落地。

二、病虫害绿色防控规程的核心构成要素

在绿色防控技术规程的具体内容设计中，应将防控目标、操作路径、技术节点与管理要求系统化纳入，形成结构科学、内容合理的框架体系。

（1）“防控目标设定模块” 明确规程针对的主要病虫种类、作物类型与种植区域，设定以绿色控制为主、减量施药为辅的核心导向。

（2）“技术组合实施模块” 细化绿色防控措施，包括生物天敌释放时间与频率、微生物制剂施用浓度与方式、物理措施设置方式与布控周期、环境调控参数等，并设定操作流程图或标准作业程序（SOP），保障防控措施间协调统一。如对番茄疫病的防控规程中，明确“病发前期喷施枯草芽孢杆菌＋土壤湿度控制在60％以下＋套用透光膜”三位一体的组合机制。

（3）“监测与预警指标模块” 基于前期病虫发生模型与区域数据积累，设定发病阈值、虫情密度等级、环境触发因子等关键指标，并明确采样方法、观察频率与数据处理流程，辅助农户和服务组织做出精准施策判断。

（4）“评价与反馈机制模块” 设立绿色防控成效评估标准，包括病虫危害指数下降率、生物防治资源使用效率、农药使用量削减幅度、产品农残水平控制范围等，同时将农户参与度、技术

采纳率、农田生态恢复度等纳入综合评价体系，实现从“过程管理”向“效果考核”延伸。

三、推动病虫害防控技术规程实施的保障机制

规程的制定仅是标准化建设的起点，其有效实施更依赖于制度配套、组织支撑和政策推动三大机制的协同发力。当前在推进规程实施过程中，仍面临标准覆盖不全、推广力量薄弱、监管机制滞后等问题，亟需在以下几方面建立配套保障体系。

（1）构建多层级标准管理体系　以国家、地方、行业为主线，推动不同层级标准的协调共建，增强技术规程间的兼容性与递进性。鼓励各级农技部门牵头建立标准化工作小组，统筹专家团队、示范基地与基层推广力量，构建“制定—培训—反馈—修订”闭环管理流程，确保规程持续更新与有效传达。

（2）培育第三方技术服务机构　在规程推广过程中，需引入专业技术服务公司、社会化服务组织、合作社技术员等多元主体，承担规程的落地执行、巡回指导与农户培训工作。通过“服务外包＋绩效考核”机制，将技术规程的实施责任与服务质量评价机制挂钩，提高标准实施的实际效果。

（3）落实政策激励与资源倾斜　将病虫害绿色防控技术规程实施与农产品认证、绿色补贴、风险保障等制度挂钩。如将执行技术规程纳入绿色食品认证前提条件，或在农业补贴中优先向达标农户倾斜资源，形成“标准化行为—政策红利—农户积极性”的正向激励闭环。

（4）强化全社会认知与协同机制　规程的成功不仅取决于技术内容，更取决于文化接受度和公众认知水平。应加强面向农民的通俗化宣传、典型示范引导与平台传播，通过“绿色防控技术节”“非遗农技与现代规程融合展”等方式，增强农民对技术规程的认同感和执行力，推动技术标准成为生产行为的内在规范。

病虫害绿色防控技术规程的制定与推广，是现代农业标准化、生态化与科技化发展的核心抓手，是推动蔬菜产业高质量转型的关键基础。其不仅是农业科技成果制度化、可操作化的重要手段，更是实现农业生产规范化、农民技术自主化、农业治理能力现代化的重要路径。从宏观视角看，技术规程的系统设计有助于推动农业生产从经验模式向标准流程转变，提升技术服务体系的整体效能；从微观层面看，规程为农民提供明确技术路线图和操作规范，降低试错成本，提高绿色生产的安全性与经济性。

绿色防控技术规程应持续强化与区域模式、作物特性、科技进展和非遗农艺的融合，不断提升标准的科学性与适应性。同时，还应注重构建技术标准向实践标准、行为规范乃至生态文明价值观的升维转化路径，真正实现农业标准体系向“绿色、智能、人本、系统”方向的全方位跃升。

第三节　绿色防控效果评价指标体系

在推进蔬菜病虫害绿色防控的过程中，如何科学评价其实施成效，不仅是衡量政策绩效与项目效益的基础依据，也是优化技术路径、完善推广模式、提升制度设计水平的关键支撑。尤其在多元主体参与、复合技术集成、区域环境差异日益显著的背景下，传统以“产量提升”或“病害减轻”为核心的粗放式评估方式，已难以准确刻画绿色防控技术的综合价值与实际效果。因此，构建科学、系统、可操作的绿色防控效果评价指标体系，成为推动绿色防控工作高质量发展的核心内容。

一、绿色防控效果评价体系的构建逻辑与原则

绿色防控效果评价指标体系的构建，首先应明确其服务对象与核心功能。在现实操作中，该体系既面向技术研发与推广部

门，用于检验技术路径合理性与成效性，也面向政策制定与管理机构，用于资源配置与项目评估，更面向农户与消费者，用以增强绿色防控的可见度与可信度。

在逻辑架构方面，建议采用“目标—维度—指标—方法”四级结构，逐层递进、彼此支撑：首先明确绿色防控的总体目标，如“病虫害控制率提升”“农药使用总量下降”“生态环境质量改善”；其次明确评价维度，如防控成效、生态友好性、经济合理性与社会接受度；再进一步细化至具体指标项与数据来源，配套相应的量化方法与评估工具，形成一套完整闭环。

二、核心评价维度及其关键指标构成

根据绿色防控的综合属性，评价指标体系可分为四大核心维度：防控成效维度、生态环境维度、经济效益维度和社会感知维度。

（一）防控成效维度

该维度是最直接的技术成效反映，重点考察绿色措施对病虫害的实际控制能力与持续防效。其主要指标包括病虫害发生率下降幅度、病害指数变化、害虫种群密度变化、发病迟缓程度、作物生长指标（如叶色、株高、结实率等）等。评价过程中，需结合基准田对照试验数据与多周期连续观测结果，采用田间调查、人工调查与仪器监测相结合的方式获取。

（二）生态环境维度

绿色防控的本质在于降低对自然系统的扰动与破坏，因此生态维度评价尤为关键。关键指标包括单位面积农药使用量减少率、生物多样性指数（土壤微生物、天敌种群）、水体农残含量、土壤有机质含量变化、空气中农药飘移残留等。评估方法通常借助理化检测与生物指标分析相结合，结合生态监测点布设，实现区域性生态改进效果追踪。

（三）经济效益维度

绿色防控不仅应实现生态目标，也需满足经济可持续性。该维度指标包括防控成本与传统方式对比、产量变化幅度、单产与收益比、绿色产品溢价空间、投入产出比等。数据多来源于试验区或示范户的田间账本记录，并辅以市场销售数据支持，最终计算综合经济效益变化值。

（四）社会感知维度

绿色防控技术的长效推广依赖于农户的主动采纳与社会的广泛认可，因此该维度从认知、接受与信任三个方面设置指标，典型指标包括农户参与率、农户满意度、技术采纳率、消费者对绿色农产品认知度、社会媒体传播频次等。数据获取可采用问卷调查、实地访谈、平台监测与舆情分析等方式，形成对技术社会基础的全景化扫描。

三、多源数据支撑下的评价方法与工具构建

科学评价绿色防控效果不仅依赖指标体系本身的合理性，还依赖于数据获取与分析的有效机制。近年来，随着农业信息化的发展，多源数据融合和智能分析工具日益成为绿色防控效果评价的重要支撑，为指标体系的精细化和动态化提供了可能。

一方面，田间实测数据仍是核心基础。通过布设典型样方、设置对照处理、应用传感器监测等手段，获得包括虫情监测、病斑测量、叶片颜色变化、产量参数等在内的精准数据。这些数据通过标准化模板记录后，可直接用于定量分析，为指标赋值提供直接支撑。另一方面，应注重遥感、物联网、影像识别等现代技术的导入。

四、指标体系的动态调整机制与制度化推进

绿色防控技术本身具有动态演化的特征，其评价体系同样需

要具备适应性与开放性，能够根据技术进展、生态变化、管理需求不断迭代更新。这就要求在指标体系运行中建立完善的动态调整机制。

（1）应设立“评估指标动态审议机制” 由专家委员会、科研单位、推广机构、农民代表共同参与，定期对当前指标体系的适用性、科学性进行评估，并提出修订建议。对于新技术、新材料、新模式带来的评价盲点，应及时纳入新指标，完善体系完整性。

（2）应推进指标体系的制度化应用 将绿色防控评价指标纳入农业绿色发展绩效考核体系、绿色农产品认证体系、生态农业补贴发放依据之中，使其成为国家政策实施的工具。推动指标体系在绿色食品基地认证、绿色农资投入品遴选、技术示范园绩效考核中的标准应用，增强其权威性与可执行性。

（3）推动指标体系与乡村文化、传统农艺融合发展，尤其是在推广非遗农业、生态文明示范村建设过程中，结合在地文化价值设定特色性指标，如“传统农艺延续指数”“地方生物品种保护度”“农耕文化传播频率”等，使绿色防控评价工作更具地方性与文化性，体现多元价值导向。

绿色防控效果评价指标体系的构建，是推进蔬菜病虫害防控标准化、科学化和制度化的重要抓手。它不仅是衡量防控技术有效性的工具，更是促进生态治理目标实现、农业绿色发展路径落地、农民参与积极性提升的综合性手段。

从指标体系本身来看，应坚持科学性、系统性与可操作性统一，合理划分评价维度，细化关键指标，强化数据支撑；从实施机制上看，应建立多方参与、智能支撑、动态调整的运行体系，推动其向政策制度深度嵌入；从文化价值角度看，应融合非遗农艺与生态理念，在保护农业多样性与地域文化的基础上，提升评价工作的社会认同感和传播力。

第四节　技术推广中的农户参与机制

绿色防控技术作为实现农业绿色转型的重要支撑，其广泛落地推广离不开农户的积极响应与主动参与。农户不仅是绿色防控技术的最终实施者，更是生态农业实践的重要主体。在绿色防控推广过程中，如何构建以农户为核心的参与机制，既关系到技术落地的效率，也影响着农业绿色发展的持续性和稳定性。

一、推动农户参与的现实意义与价值基础

农户是农业生产实践的主体，对绿色防控技术的接受程度与应用行为直接决定了技术落地的成效。从实际调研结果看，农户参与意愿高低与技术理解程度、经济回报预期、培训资源获取等密切相关。正因如此，构建系统化的参与机制，不仅有助于提升绿色防控的普及率，也能增强农户的生态责任意识与技术自信心。

农户参与机制的建构体现了农业技术推广从“技术驱动”向“农民需求导向”的范式转型。传统推广路径多以行政手段、项目补贴为主，忽视了农户的差异化需求与在地经验。而在绿色防控领域，这种自上而下的技术灌输已难以满足多元生产生态的现实需要，亟需通过参与式路径激活农户的自主实践能力。此外，农户的深度参与有助于实现技术推广与文化认同的双向融合。正如非遗保护中的“在地性知识”再生机制所展现的那样，传统农艺与新型绿色防控技术并非对立，而是可以互为补充，借助农户对自然节律与土地特性的经验认知，实现科学与传统的耦合创新。

二、农户参与不足的主要制约因素

一方面，认知障碍仍是制约农户参与绿色防控的核心问题。

部分农户对绿色防控技术存在误解，认为其“见效慢、成本高、不保险”，尤其是在缺乏田间示范和技术指导的背景下，这种不信任感加剧了推广难度。另一方面，技术门槛与制度资源的不平衡也是主要障碍。绿色防控技术往往需要一定的知识储备和操作能力，而中小农户受教育水平较低，缺乏有效培训途径。同时，当前政策支持多聚焦于规模经营主体，小农户在资源获取上的边缘化趋势，使其参与积极性持续受挫。此外，社会网络的弱连接性亦限制了农户之间的经验传播与协同学习。在一些地区，农业社会组织体系尚不健全，缺乏有效的知识共享平台，致使绿色防控经验难以实现“点上突破”到“面上扩散”的跃迁。

三、构建有效农户参与机制的策略路径

（1）应推动参与式培训体系建设　可通过“农民田间学校”“一村一师”“农技人员下沉”等方式，组织农户开展分阶段、模块化、操作性强的技能培训。同时引入“以农带农”的经验分享机制，激活本地“田专家”资源，形成良性学习共同体。

（2）应建立多元参与的利益联结机制　以绿色防控产品认证与生态标签为抓手，鼓励农户参与“绿色优品”生产链条，通过合作社、订单农业、数字平台等模式增强其在价值链中的主体地位，让绿色防控技术转化为可见的经济收益。

（3）应推动共建共享的试验示范体系建设　在典型区域构建“绿色防控示范村”“生态种植试验区”，邀请农户参与规划、管理与技术评估，使技术试验过程即为认知转化与能力提升的过程。

（4）应重视数字赋能与信息对称机制构建　利用物联网、大数据、移动终端等技术手段，开发适用于农户端的防控预警APP、语音助手等工具，降低技术门槛，提升响应速度。

四、制度化保障机制的构建路径

（1）政策保障层面的强化　政府应出台专项政策扶持农户参

与绿色防控，如推广绿色农资补贴、绿色防控设备购置奖补、培训经费配套等措施。同时将农户参与度作为项目验收和资金拨付的重要指标，引导项目资源向高参与区域倾斜。

（2）组织体系的优化构建　通过推动农民合作社、产业联合体等新型农业经营主体发展，强化其在绿色防控技术推广中的组织功能。特别是在技术示范、信息发布、标准制定等方面，发挥“桥梁与纽带”作用，促进农户有序参与。

（3）建立长效激励机制　在试点区域探索绩效积分制、参与式预算分配、荣誉激励等方式，引导农户持续参与绿色防控行动。如通过积分兑换农资、农业保险费率优惠等方式提升农户参与黏性与归属感。

（4）构建区域差异化机制设计　针对丘陵山区、沿海平原、设施农业集中区等不同生态类型，设计因地制宜的参与路径与技术推广方案，确保农户在自身生产背景下实现绿色防控技术的最优匹配。

农户作为绿色防控技术实践的核心力量，其参与机制的健全与否，直接决定了技术推广的广度与深度。唯有在尊重农民主体性的基础上，构建协同高效、利益联结紧密、制度保障有力的参与体系，方能真正实现绿色防控技术的本地化落地与可持续传播。未来，应在科技进步、制度创新与文化认同的多重驱动下，持续优化推广机制，构建“政府引导—技术支撑—农户主体”三位一体的推广生态体系，推动我国蔬菜绿色防控迈向更高质量、更高水平的发展新阶段。

第五节　标准化生产示范基地建设

在绿色防控技术逐步走向成熟与普及的背景下，建设标准化生产示范基地已成为推动技术体系集成应用、提升绿色防控技术可复制性与可推广性的关键路径。作为连接理论研究与实践推广的桥梁，标准化示范基地不仅具备技术集成平台的功能，更承担着培训推广、模式验证和政策实施的多重角色。其建设质量直接关系到绿色农业的转型成效与生态治理的实践深度。

一、标准化示范基地建设的功能定位与战略意义

在病虫害绿色防控涉及的诸多技术领域中，如生物防治、生态调控、物理阻隔等，单项技术的分散应用常因协同不足而影响整体防控效果。示范基地的设立，使得多项技术在统一规范下联动运行，推动绿色防控模式从“点式突破”向“系统应用”转型。通过统一技术规程、明确操作流程、设定关键控制点，示范基地能够系统性展现绿色防控标准体系，起到行业规范导向作用。尤其在当前农业标准体系亟待更新、绿色农产品质量亟需保障的背景下，其引领意义尤为突出。

依托基地开展的实训教学、观摩推广活动，不仅有助于提升农民对绿色防控技术的接受度与理解力，也激发了他们对生态种植的认同感和主动性，构建起以农户为核心的参与式农业新生态。

二、标准化示范基地的建设原则与布局逻辑

在推进标准化示范基地建设过程中，需坚持“因地制宜、统筹规划、技术先进、制度支撑”的基本原则，确保基地在生态适应性与推广可行性之间实现有机统一。

（1）生态分区布局原则　依据各地蔬菜主产区的生态区划与病虫害发生特征，在不同气候带、不同作物类型区域建设差异化示范基地。

（2）技术集成优先原则　在基地规划建设中应优先考虑绿色防控典型技术的集成组合，如结合天敌释放与植物源农药、地膜覆盖与昆虫信息素诱控、水肥一体化与生境优化等，形成针对特

定作物类型与环境条件的“定制化”绿色防控技术包。

（3）制度化运维保障原则　标准化示范基地的长期运转离不开制度支撑，需建立规范的技术管理、绩效评估与风险应对机制，并与地方农业部门、科研院所、龙头企业建立协同联动机制，形成“产学研政用”五位一体的高效运行模式。

三、基地建设过程中的实践路径与典型模式

标准化示范基地的建设实践应从“试点—扩面—提升”三个阶段递进推进，形成可推广、可复制的建设模式。

第一阶段为试点探索阶段。可选择技术条件成熟、农户组织基础良好的蔬菜种植区，开展绿色防控技术集中应用示范，进行集成技术评估、操作流程验证及成效监测。通过本地化技术试验，积累本土化绿色防控实施经验。

第二阶段为区域扩面阶段。以试点成效为依据，在相邻或相似生态区域进行推广，依托合作社或农业企业平台，实现技术模式的规模复制，提升区域整体绿色防控水平。

第三阶段为质量提升阶段。此阶段着重于标准体系深化、品牌建设与数字化管理。建立防控过程可追溯系统，引入物联网、大数据手段提升监管效率，推动示范基地向绿色农业智慧园区转型。

此外，典型模式可参照“核心示范＋技术辐射＋服务支撑”的三层架构。核心区集成先进绿色防控技术作为技术展示区，辐射区推广技术标准化种植，支撑区则提供农资、技术服务与物流支援，构建技术—服务—市场一体化格局。

四、面向未来的基地建设优化路径

为进一步提升标准化示范基地的综合功能与战略价值，应从以下几个方向推进优化与升级：

（1）推动绿色防控标准体系与示范基地深度融合　将绿色防

控相关技术规程纳入国家和地方农业标准体系，示范基地按照标准流程进行生产实践，真正实现“以基地推动标准、以标准引领基地”。

（2）加强绿色品牌与基地建设联动发展　借鉴非遗保护中“文化标识＋产业基地”的双核模式，打造具有地域特色的绿色蔬菜品牌，并通过基地建立“绿色、生态、安全”的生产信任机制，提升产品附加值与市场认可度。

（3）强化国际合作平台功能　在具备基础条件的示范基地设立国际绿色农业技术交流窗口，承接国际项目、引入外部专家资源，推动绿色防控技术“走出去”，提升中国在全球生态农业发展中的影响力与话语权。

（4）构建多主体参与的运营体系　鼓励科研机构提供技术支持，农业企业负责市场转化，政府部门提供政策保障，基层农民深度参与基地管理与运维，形成协同共建共享的治理结构，提升基地的可持续运营能力。

标准化生产示范基地作为绿色防控技术集成与应用的关键支点，不仅承载着技术推广与模式引领的重要使命，更是实现农业绿色转型与生态文明建设的重要抓手。未来，需以系统化思维推进基地科学布局与高质量建设，持续完善政策机制、强化技术集成、拓展示范功能，在构建现代农业绿色发展新格局中发挥更大作用。

第八章
绿色防控政策与产业支撑

第一节　国家政策法规与补贴机制分析

绿色防控技术的推广应用不仅是技术问题，更深层次地关联着国家政策导向、法规建设与财政支持体系。在当前我国农业转型升级、生态文明建设全面推进的大背景下，绿色防控已被纳入农业高质量发展的核心战略体系，其政策法规及补贴机制日益成为推动绿色防控技术落地的重要制度保障。

一、绿色防控相关政策法规的演进脉络

我国对绿色防控的政策支持始于农业可持续发展战略的逐步形成，发展于生态农业建设体系的推进，成型于国家绿色发展顶层设计的深化。

自 2007 年农业部首次提出“病虫害绿色防控”概念以来，国家陆续出台了一系列指导性政策文件，如《国家农业可持续发展规划（2015—2030 年）》《“十四五”全国农业绿色发展规划》等，这些政策明确了绿色防控在农业现代化中的战略定位，提出将绿色防控覆盖率列入农业绿色发展的核心指标体系。

在法律层面，《中华人民共和国农药管理条例》《中华人民共和国农业技术推广法》等法规明确了农药减量使用和新型防控技

术推广的法律义务，为绿色防控提供了基本法理支撑。同时，近年来地方政府也纷纷结合区域特色出台绿色防控地方标准与操作规程，形成“国家引导—地方细化”的法规体系雏形。

二、补贴机制的构成体系与运行方式

财政补贴是推动绿色防控技术应用的重要驱动力。目前我国绿色防控相关补贴主要包括：绿色防控项目补助、病虫害统防统治与绿色防控融合补贴、生物农药购置补贴、农业绿色发展引导资金等。

从资金来源看，中央财政为主导，地方财政给予配套，形成“上下联动、专项专用”的补贴结构。从执行方式看，以项目带动为主要方式，结合区域遴选与技术筛选，优先扶持生态脆弱区、农残高风险区及蔬菜主产区等重点区域。

在补贴对象上，逐步由传统“单位面积”补贴向“成效导向型”转变，鼓励新型经营主体、合作社、农业龙头企业承担绿色防控服务职能，实现从单纯资助向引导产业升级的功能转变。

三、政策与补贴机制中存在的主要问题

尽管我国绿色防控相关政策不断完善，财政投入逐年增长，但在实际运行中仍存在一系列制约因素。

（1）政策目标与农户需求之间存在认知落差　部分基层执行单位对绿色防控认知不足，过度依赖行政指令与短期考核，忽视了技术推广的适地性与可行性，导致政策“落地不实”。

（2）补贴机制分配存在不均衡现象　一些地方补贴标准不明、申报流程复杂、拨付效率低下，使得真正从事绿色防控的基层农户和小微经营主体难以获得有效扶持。特别是在中西部非核心产区，财政能力弱、技术资源少，绿色防控实施成本高而得不到有效补偿，制约了技术的广泛应用。

（3）制度衔接性与绩效评估机制尚不健全　目前补贴机制仍

以事前投入为主，缺乏基于成效的后期考核与动态调整机制，导致部分项目存在“重投入轻成效”问题，绿色防控在实际操作中出现形式化、标签化倾向。

四、绿色防控政策与补贴机制的优化方向

面向高质量发展阶段，绿色防控政策与财政补贴机制需从理念、路径与制度保障上实现系统性转型。

（1）构建“顶层设计＋基层反馈”联动机制　以“政策精准化、执行差异化”为导向，强化基层参与与农户意见反馈，推动政策制度设计从“供给逻辑”向“需求逻辑”转变，提升政策接受度与适应性。

（2）建立基于绩效导向的财政补贴模式　探索“绿色绩效分级补贴”机制，依据防控覆盖率、农残合格率、生态环境改善指标等综合因素，设定补贴等级，提高财政资金的使用效率与激励效果。

（3）推动与绿色农产品认证、农业保险、碳汇交易等制度的有机衔接　借鉴非遗保护中“文化＋制度＋经济”三位一体路径，将绿色防控与绿色信用、土地流转、生态补偿机制等挂钩，构建多维政策支持网络。

（4）加快制度标准建设，推动法规一体化发展　制定统一的绿色防控术语体系、评估标准与追溯机制，在国家农业标准化框架中明确绿色防控专章内容，增强制度执行的权威性与一致性。

国家政策法规与补贴机制作为推动蔬菜病虫害绿色防控技术发展的核心支柱，正在逐步从“鼓励试点”迈向“系统支持”新阶段。未来，应以更加精准务实的制度设计、更具弹性的资金引导和更完善的绩效评估体系，不断强化政策对绿色防控技术发展的引领、激励与保障功能，助力我国农业绿色转型与生态文明建设协同前行。

第二节 绿色农产品认证与市场准入

随着绿色农业理念的深入人心和消费者对食品安全关注度的不断提升，绿色农产品认证体系已成为衡量农业绿色发展成果的重要标志。蔬菜病虫害绿色防控技术的推广不仅要求技术手段有效，也必须在制度层面实现与绿色农产品认证标准的对接，并确保产出产品顺利进入市场体系。

一、绿色农产品认证体系的制度结构与演进逻辑

我国绿色农产品认证起步于20世纪90年代，逐步建立起涵盖绿色食品、有机食品和农产品地理标志等多层次的认证制度。其中，绿色食品认证制度主要针对无污染环境条件下，依据可持续农业原则生产的农产品，强调农药、化肥的科学使用与生态保护并重，与病虫害绿色防控技术高度契合。

目前，我国绿色食品认证由中国绿色食品发展中心统一管理，建立了以产地环境评估、投入品使用规范、生产过程控制和产品检验为核心的评价体系。蔬菜作为认证体系中的重点类别，其生产全流程均需接受技术审查与标准化审核，这对绿色防控技术的规范性、溯源性和可量化性提出了更高要求。

从制度演进的角度看，绿色农产品认证呈现出“从安全导向到生态导向”的发展趋势，逐渐由关注产品结果向过程监管倾斜，与非遗保护中“从技艺传承到体系建设”的路径演变具有一定相似性，显示出政策从“符号式标识”走向“系统性认同”的逻辑演化。

二、绿色农产品市场准入机制的构建路径与执行方式

绿色农产品的市场准入主要包括认证结果的法律认定、标签

使用规范、产品溯源系统建设及流通环节监管等多个维度。通过建立“产地—认证—准入”闭环机制，实现从源头防控到终端消费全过程的品质保障。

在法律制度层面，《农产品质量安全法》《食品安全法》等明确规定了绿色食品等认证产品的市场特权，如优先入驻政府采购平台、获得流通环节绿色通道、享受税费减免等。这些制度性激励有效促进了绿色农产品的市场扩容与品牌建设。

同时，市场准入体系强调认证结果的信息公开与消费者参与监督。绿色食品产品需在包装上明确标识“绿色食品”专用标志与证书编号，并接入国家农产品质量安全追溯平台，确保产品来源可查、责任可追。这种可视化机制不仅增强了消费者信任，也强化了生产主体的责任意识。

三、绿色防控技术对认证达标的支撑作用与现实障碍

蔬菜病虫害绿色防控技术作为绿色农产品认证的重要支撑手段，其科学应用直接关系到认证达标的成败。一方面，通过使用生物农药、物理防控、天敌昆虫释放等措施，显著降低了农药残留风险，提高了土壤与环境质量，从而为产地环境评估提供基础保障。

另一方面，绿色防控技术过程具有较强的操作专业性和管理要求。若在推广过程中缺乏统一规范、标准执行不到位或记录体系不完善，将可能导致认证审核过程中的信息缺失、质量指标不达标等问题。尤其在小农户主导的区域，存在技术服务能力薄弱、标准培训不足等“最后一公里”问题，制约了整体认证比例的提升。

此外，目前绿色农产品认证中对绿色防控的量化评价标准尚不完善，部分认证流程中对技术应用的考察依赖生产者自行报告，缺乏独立监测机制。这种“技术—标准—认证”链条的中断，严重削弱了绿色防控技术在认证环节中的系统

价值。

四、推动绿色防控与认证体系深度融合的策略建议

为实现绿色防控与绿色农产品认证的有机协同，应从技术集成、制度优化与市场导向三个维度推进融合路径。

（1）构建基于绿色防控技术的认证评价模块　在现行绿色食品认证指标体系中，增设绿色防控应用情况的专项评分项目，将绿色防控覆盖率、技术合规性、生态贡献率等纳入产地评价指标，实现从“结果认证”向“过程认证”的升级。

（2）推动绿色防控标准与认证规程的统一对接　由农业主管部门牵头，整合绿色防控技术规程与绿色食品认证流程，制定覆盖播种、施药、防控、采收全过程的操作手册，形成标准闭环，减少农户理解与执行难度。

（3）建立第三方技术服务与监管平台　引入具有资质的第三方机构，参与绿色防控实施记录审核、现场抽检与风险评估，提升认证公信力，构建可追溯、可量化、可问责的监管机制。

（4）打造“认证＋市场”一体化激励体系　借助数字平台推动认证产品进入线上线下融合市场，推动“绿色食品＋电商直播”“绿色品牌＋农旅融合”等创新模式，通过市场反馈反哺技术提升与标准完善，构建从认证标准到消费信任的全流程价值闭环。

绿色农产品认证与市场准入不仅是绿色防控技术推广的出口机制，更是推动农业绿色转型的核心通道。唯有通过标准对接、过程监管与市场激励的系统建设，才能实现技术价值向市场价值的有效转换。未来，应不断完善以绿色防控为核心的认证体系，构建公平透明的准入制度，提升我国绿色蔬菜产品的内在品质与外在竞争力，为构建农业高质量发展新格局提供坚实支撑。

第三节 合作社与龙头企业技术带动模式

在蔬菜病虫害绿色防控由试点走向规模化、由理念走向实践的过程中，农业经营体系的转型升级成为不可或缺的重要支撑。合作社与龙头企业作为连接小农户与现代农业技术、市场机制的重要纽带，正在绿色防控技术推广中发挥越来越关键的作用。

一、合作社与龙头企业的功能定位

合作社作为农民自组织的基本单元，其组织灵活、贴近农户、便于动员，是绿色防控技术推广最为直接的服务平台。其主要功能包括：组织开展绿色防控技术培训与服务，协助农户实施统一病虫监测与统防统治，组织绿色农资的统一采购与分配，以及在产品认证、销售对接等环节发挥桥梁作用。

龙头企业则是农业全产业链的整合者和标准制定者，其在绿色防控中的作用主要体现为引领技术升级、推动规模化应用、保障农产品进入高端市场。通过订单农业、契约种植等形式，龙头企业可在源头引导农户采取绿色防控措施，并提供包括生物农药、智能设备在内的技术与物质保障，构建起稳定的利益联结机制。

两者协同构成了“前端组织＋后端牵引”的双轮驱动格局，形成以合作社为基础、龙头企业为引擎的绿色防控推广体系，有效打通了绿色技术从研发到落地的最后一公里。

二、合作社与龙头企业联动机制的构建路径

实现合作社与龙头企业在绿色防控推广中的高效联动，需从制度、资源与信息三个维度构建协同机制。

（1）建立利益共享机制　合作社负责落实绿色防控操作，龙

头企业提供技术方案与市场渠道，在产品销售中实现利润分成，以订单保障农户收益，形成“共种—共管—共享”的合作机制，激发各方参与积极性。

（2）健全技术服务链条　由龙头企业联合科研单位开发绿色防控技术包，再通过合作社组织农户应用，实现从技术研发、培训指导、田间管理到产后处理的全过程服务闭环。通过建立“技术导师＋合作社技术员＋农户”三级服务体系，提升推广效率与技术到位率。

（3）建设共享数据平台　依托数字农业平台整合田间监测数据、农资投入记录、虫情预警信息，打破合作社与企业间的信息壁垒，提升防控响应的时效性与精准性，构建智慧联动的技术支持体系。

三、典型带动模式的实践路径与经验启示

在全国范围内，已有诸多区域探索出合作社与龙头企业带动绿色防控的有效模式，值得总结借鉴。

一种是“公司＋合作社＋农户”三位一体模式。如山东寿光蔬菜产业中，龙头企业制定绿色种植规范并提供农资产品，合作社组织农户统一种植与病虫管理，实现从田间到餐桌的全过程绿色认证。该模式实现了标准化生产、组织化管理与品牌化销售的融合，提升了绿色防控的系统性。

另一种是“合作社主导＋企业支撑”的弹性互补模式。在云南、广西等地，一些高山蔬菜种植区合作社主导防控工作，龙头企业提供飞防无人机、物联网监测等技术支持，双方通过联合投入、风险共担、成果共享，推动技术快速落地。

这类模式的共同特征在于：合作社贴近农户、企业主导市场，二者优势互补、功能互联，构成良性互动机制，不仅提升了绿色防控技术应用的稳定性和可持续性，也推动了整个产业链绿色转型的协同发展。

四、强化合作带动模式的政策支持与制度保障

为进一步发挥合作社与龙头企业在绿色防控中的带动作用，亟需从政策制度层面构建系统性支撑体系。

（1）出台合作社绿色服务功能引导政策　通过财政专项补贴、税收优惠等手段，引导合作社向“生产型＋服务型”转型，鼓励其建设绿色防控技术服务站点、信息平台及农资供应网点，提升技术推广能力。

（2）鼓励龙头企业参与绿色标准制定　赋予其更大自主权，在绿色防控领域牵头制定产业标准与操作规范，通过标准引导合作社规范操作，实现从制度层面上的“绿色一致性”。

（3）完善合作信用机制与风险分担机制　针对合作社与龙头企业的合作行为，构建绿色信用评级制度，探索引入农业保险、订单履约保险等金融工具，降低合作风险，增强契约稳定性。

（4）应推动“合作社＋企业”联合体在绿色防控产业链中的整体布局　通过示范工程建设、政策试点支持等方式，扶持一批“绿色防控联合体”试点区域，推动形成“技术协同—利益共享—市场共建”的现代绿色农业组织模式。

合作社与龙头企业在绿色防控技术推广中具有天然互补性，其协同发展不仅解决了技术供需错配、推广服务瓶颈等关键问题，更在构建现代农业组织体系、推动农业绿色转型中展现出强大生命力。未来，应在制度、资源与服务体系建设上持续深化改革，激发合作社与企业内生活力，打造“组织有力、技术有效、市场有序”的绿色防控技术推广共同体。

第四节　农业保险与风险分担机制

蔬菜病虫害绿色防控作为现代农业高质量发展的核心路径之

一，其实施成效不仅取决于技术先进性和推广组织力，还深受自然灾害、市场波动和政策适应能力等外部因素影响。在实践过程中，绿色防控措施往往需要较高的初期投入和管理技术，而其短期经济回报又面临较大不确定性。因此，建立覆盖广泛、机制健全的农业保险体系，配套科学合理的风险分担机制，是保障绿色防控技术有效运行的重要制度安排。

一、绿色防控背景下农业保险的功能定位

(1) 农业保险是对绿色防控技术经济风险的有效缓释工具　由于绿色防控减少了对化学农药的依赖，其防效受气候、生态结构、天敌种群变化等影响较大，农户面临的产量波动风险加剧。农业保险可通过灾损赔付机制，对技术实施失败、病虫害反弹等情况提供保障，提升农户的采纳意愿。

(2) 农业保险也是保障政策执行稳定性的重要支点　在绿色补贴、绿色农产品认证等政策推进过程中，若缺乏相应风险保障，农户将对制度执行持观望态度。农业保险可在政策失效或市场机制缺位时发挥兜底作用，保障农户权益，稳定绿色生产预期。

(3) 农业保险具备资源配置的导向功能　通过对绿色防控区域优先承保、绿色投入品专属条款设计等方式，引导农户优化种植结构，推动农业向生态友好型方向转型，实现经济效益与生态效益的协同提升。

二、当前农业保险体系的运行结构与适应状况

近年来，我国农业保险体系不断完善，中央财政保费补贴政策持续推进，地方农业特色保险探索不断深入，为绿色防控的保障体系建设奠定了一定基础。目前，农业保险主要分为政策性保险与商业性保险两类。前者以中央与地方财政补贴为主，涵盖种植业、养殖业及特色农产品，是保障农业基本风险的主力形式。

后者则由保险公司自营产品构成，覆盖面广但保费相对较高。

在蔬菜领域，部分省市已试点开设针对病虫害、霜冻、连阴雨等影响因素的蔬菜气象指数保险和绿色种植综合保险。然而，多数绿色防控技术尚未纳入保险核赔标准体系，防控失败、投入损失、绿色投入品折旧等风险未被有效覆盖，制约了保险机制在绿色防控中的实质性支持作用。

三、农业保险与绿色防控风险匹配中存在的主要问题

一方面，绿色防控特有的技术风险识别不足。由于绿色防控涉及多元生态要素和生物相互作用，其成效难以以单一产量指标衡量，传统保险模型难以精准评估风险概率与损失程度，导致承保意愿不足，保障功能削弱。另一方面，现行农业保险缺乏与绿色防控协同的制度设计。多数保险产品未将绿色投入行为纳入赔付前提，无法体现绿色生产的制度价值，甚至在赔付考核中优先考虑传统高输入农业的产量损失，形成对绿色种植的逆向激励。

此外，农户保险参与率偏低，知晓率、投保率、理赔率之间存在显著落差。一些基层农户对保险保障范围、理赔标准理解模糊，加之流程复杂、周期较长、理赔纠纷频发，使保险对绿色防控的正向引导力大打折扣。

四、完善农业保险与风险分担机制的策略建议

推动绿色防控与农业保险深度融合，应从制度创新、产品设计、服务机制与监管体系四方面入手，构建“可保、能保、愿保”的良性格局。

（1）创新绿色防控专项保险产品　依据不同蔬菜品类的绿色种植特点，开发绿色投入品保障险、绿色管理操作责任险、生物防治失败补偿险等定向产品，将技术使用过程中的非灾害性损失纳入保障范围，提升保险对绿色实践的适配性。

（2）完善绿色保险评估与理赔体系　引入多因子风险评价模

型与物联网、大数据、遥感监测技术相结合，提升风险识别的精度与效率。制定绿色种植档案制度，将绿色防控措施记录作为参保前提与理赔依据，建立以“过程合规＋结果可控”为导向的理赔体系。

（3）推动政府、保险公司与农户三方共担机制　财政应加大对绿色保险产品的补贴支持力度，建立保费补贴梯度制度，对采用绿色防控技术的主体予以更高补贴倾斜；保险公司应通过保单设计、再保险机制分摊极端风险；农户则通过自我风险规避行为参与共担，实现主体责任合理化。

（4）加强绿色保险知识普及与服务体系建设　通过农技推广机构、合作社、基层保险代理人网络，加强保险产品的宣传与技术解释服务，打通农户投保“认知链”；设立绿色保险快速理赔窗口，推进“一站式受理＋区块链审核＋电子赔付”模式，提升农户信任度与满意度。

农业保险与风险分担机制是绿色防控制度化保障的重要支柱，其科学化、精细化程度直接关系到绿色防控推广的深度与广度。唯有在制度层面打通保险与绿色技术的耦合通道，构建多元共担的风险分散体系，才能真正实现技术创新与制度保障的双向赋能，为蔬菜产业绿色高质量发展提供坚实后盾。

第五节　国际经验借鉴与合作路径

在全球农业绿色转型的大趋势下，蔬菜病虫害绿色防控技术的跨国交流与经验互鉴正日益成为推动本土实践创新的重要支撑力量。各国因自然生态条件、政策体制与技术基础不同，绿色防控的路径模式呈现多样化特征。通过系统梳理国际成功经验，结合我国农业实际，构建面向未来的合作机制与技术融合平台，有助于增强我国绿色防控的技术先进性与产业竞争力。

一、国际绿色防控政策与实践模式概览

欧美国家普遍将绿色防控纳入农业生态政策框架之中。美国则注重以技术创新引导绿色农业发展，通过农业部下属的国家综合病虫害管理计划推动农场生态系统内部调控能力建设，鼓励多元生物措施替代化学输入，并广泛应用大数据与精准农业技术，实现防控决策智能化与风险管控精细化。

在亚洲，日本和韩国绿色防控实践以本土微生物农药开发、物理防控装备应用和社区协同治理为主，突出农业文化与技术的融合创新。其“农业共生系统”强调农户、科研、政府三方互动与持续知识积累，建立了较为成熟的技术反馈机制。

二、国际合作机制与技术交流平台建设

绿色防控领域的国际合作涵盖政策对话、技术转移、人才培训与标准互认等多个维度。目前，联合国粮农组织、国际农业发展基金、国际植物保护公约等机构已形成一系列支持绿色防控技术扩散与能力建设的合作框架。

在亚太地区，亚洲及太平洋植物保护委员会组织推动成员国就病虫害绿色防控进行常态化交流。我国与东盟国家在农业合作中日益加强绿色农药、生态农业标准、智能防控平台等领域的技术协作。

此外，国际农技援助项目（如中非农业合作项目、中拉绿色农业示范区）中，绿色防控作为重要内容被嵌入技术包与培训体系。通过共建试验基地、派驻技术专家、输出种质资源等方式，实现了以绿色防控为核心的全链条合作。

三、国际经验对我国绿色防控制度建设的启示

（1）制度融合优于单项补贴　国际经验表明，仅靠财政激励难以支撑绿色防控可持续运行，而应建立集技术推广、生态补

偿、标准认证于一体的政策联动机制，推动绿色防控从技术项目向制度体系转变。

（2）多主体协作机制是技术落地的关键 如法国通过“农业合作社＋生态农场＋科研机构”三位一体推动绿色防控制度化，美国则通过“大学—农场—政策”协作体系保障创新转化能力。这启示我国应加强龙头企业、科研平台与基层组织之间的协同联动，提升防控模式的适配性与延展性。

（3）文化认同与知识传承不可忽视 日本的绿色防控推广充分结合农业传统与地方文化，构建农业认同共同体。我国可借鉴非遗保护中“技艺—认知—社区”整合模式，在绿色防控中融入乡村文化认同与生态伦理教育，提升农户参与的内生动力。

四、构建中国特色绿色防控国际合作路径

我国绿色防控技术体系正在不断完善，但其国际传播与合作路径仍需优化。建议从以下几方面入手，构建开放、多元、共赢的国际合作格局：

（1）建设中国绿色防控国际展示平台 在国家级农业高新区、现代农业产业园内设立绿色防控技术国际交流中心，定期举办国际论坛、专家研修、田间展示等活动，输出中国标准与中国经验。

（2）推动标准互认与规范输出 依托“一带一路”倡议，联合共建国家共商绿色农业技术规范，推动绿色防控产品、检测方法、认证体系标准化合作，增强国际话语权与制度影响力。

（3）深化“南南合作”与发展中国家合作实践 针对非洲、拉美、东南亚国家绿色防控能力不足的实际，开展定制化技术包援助与本地化人才培养，打造一批高水平对外示范基地，实现绿色防控的“走出去”。

（4）探索文化与技术融合的对外传播模式 借助中医农业、生态村落建设、农耕文化展演等载体，构建绿色防控技术与生态

文明叙事的传播共同体，提升国际接受度与文化软实力。

借鉴国际经验、拓展国际合作路径，是提升我国蔬菜病虫害绿色防控技术系统性、战略性和全球竞争力的必由之路。面向未来，应不断增强制度兼容能力、协作组织能力与文化软传播能力，在共享绿色农业成果的同时，为全球生态治理与农业可持续发展贡献中国智慧与中国方案。

第九章
绿色防控技术创新与前沿探索

第一节　基因编辑与抗病育种新方向

蔬菜病虫害绿色防控的核心在于构建稳定、高效、生态友好的防控系统，而从源头上培育具有优良抗病性状的蔬菜品种，是实现这一目标的关键路径之一。近年来，随着分子生物学与基因组学的飞速发展，基因编辑技术在抗病育种中的应用逐步进入实用阶段，为蔬菜病虫害防控注入了革命性的力量。

一、基因编辑技术的原理及其优势

基因编辑是一种基于序列特异性的分子工具对靶向基因位点进行定点切割并诱导 DNA 修复，从而实现特定基因功能敲除、插入或替换的技术。与传统转基因技术相比，基因编辑具有操作精确、不引入外源基因、遗传稳定性强等显著优势，尤其适用于目标性状的精准改良。

在蔬菜抗病育种中，基因编辑可用于去除易感基因、增强防御通路、调控抗病相关代谢网络等，显著提升作物对病毒、真菌、细菌及线虫等多种病原物的天然抗性。同时，该技术能缩短育种周期，打破传统杂交育种的技术瓶颈，为快速应对病原谱变异和新发病害提供了有力工具。

二、基因编辑在蔬菜抗病育种中的典型应用

在茄果类蔬菜中，研究人员已通过 CRISPR/Cas9 敲除番茄中的 *SlMlo*1 基因，从而有效提升其对白粉病的抗性；在辣椒中，通过靶向调控 *CaERF*1 基因显著增强其对疫霉病的防御能力。在瓜类作物中，利用基因编辑去除易感基因已成为提升抗枯萎病与炭疽病的重要手段。

此外，基因编辑技术也被用于改良植物防御相关激素（如水杨酸、茉莉酸等）信号通路中的核心调控因子，使蔬菜在不影响产量和品质的前提下，具备更高的病害识别与响应能力。这些成果为构建“低投入、高抗性”的绿色防控型品种提供了坚实的理论和实践基础。

三、基因编辑育种的制度瓶颈与技术挑战

尽管基因编辑技术在实验研究与试验示范中已展现出巨大潜力，但在实际推广过程中仍面临多重障碍。

（1）政策监管滞后问题突出　我国现阶段对基因编辑产品尚无明确分类标准，导致育种企业在商业化路径上缺乏制度保障。

（2）技术可控性与安全性有待加强　当前多数编辑位点集中于单基因靶向，尚未全面掌握复杂病害抗性网络调控机制，容易引发“抗性失稳”“生态反馈”问题。同时，脱靶效应、遗传漂变等潜在风险亦需高度警惕。

（3）种质资源与公共平台建设仍显薄弱　高质量基因编辑育种依赖大量精准表型与基因组信息，但我国蔬菜类作物在全基因组测序、功能基因注释与育种材料共享机制方面仍存在基础性短板，限制了创新成果的大规模推广。

四、推动基因编辑与绿色防控融合发展的策略建议

为实现基因编辑技术与绿色防控体系的深度融合，建议从政

策、技术、平台与文化四个层面进行协同推进。

（1）构建基因编辑育种的分类监管体系　借鉴欧美等国家的经验，明确区分无外源整合的“类天然突变”编辑产品与传统转基因产品，在法律框架下给予低风险编辑蔬菜品种绿色通道待遇，打通科研转化与市场准入之间的制度堵点。

（2）推动绿色防控导向的功能基因挖掘工程　依托国家农作物基因组计划，聚焦蔬菜主要病原-宿主互作机制，系统挖掘与抗性增强、病程抑制、微生物识别等相关的关键功能位点，为精准编辑提供科学支撑。

（3）建设高效协同的育种技术创新平台　通过“政府引导＋企业主导＋科研协同”的联合机制，建设区域性蔬菜基因编辑育种中心，推动材料共享、工具开发、试验验证与商业化推广一体化运行，提高育种效率与成果落地能力。

（4）增强公众认知与文化接受度　借鉴非遗保护中的“知识—价值—情感”传播模型，加强对基因编辑技术的科普教育，推动其从“实验室技术”转化为“公众共识”，缓解舆论误解，营造理性、开放的社会认知氛围。

基因编辑技术作为蔬菜病虫害绿色防控育种领域的重要突破口，正在为生态农业注入新的活力。通过提升植物自身抗性，减轻外部防控依赖，其在推动绿色农业降本增效、可持续发展中具有不可替代的战略意义。未来，应在科学治理、制度创新与价值共创的共同推动下，构建符合我国国情与生态需求的基因编辑育种发展路径，为构建“技术驱动—制度护航—农民受益”的绿色防控生态系统奠定坚实基础。

第二节　纳米农药与智能递送系统

随着现代农业对高效、安全、精准施药技术需求的不断上升，传统农药施用方式在效率、环境影响及靶标控制等方面的局限日益凸显。纳米技术与智能递送系统的融合，为蔬菜病虫害绿色防控开辟了全新路径。纳米农药依托材料科学的突破，具备缓释控释、靶向识别、环境响应等功能，智能递送技术则通过工程化设计将药剂精准输送至作用位点，实现“少而准”的防控策略。

一、纳米农药的特性与作用机制

纳米农药是指利用纳米材料载体对农药有效成分进行包裹、吸附或络合，通过控制粒径、表面能、电荷性与响应性，实现农药在目标位点的缓释或控释释放的新型制剂。该类产品具备稳定性强、生物利用率高、持效期长、环境污染小等优点。

纳米材料常用类型包括无机纳米粒子（如 SiO_2、TiO_2）、有机高分子纳米胶囊（如壳聚糖、聚乳酸）、金属有机框架材料（MOFs）等。其中，壳聚糖因其良好的生物相容性和可降解性，被广泛用于植保药剂包封，能够在作物叶面缓慢释放有效成分并增强其附着能力，显著提升药效持续性。

此外，部分纳米结构具备天然杀菌或抗虫活性，如银纳米粒子具有广谱抗菌特性，碳量子点在光诱导下具有生物灭活效应，可替代部分化学农药成为绿色防控的新武器。

二、智能递送系统的构建原理与技术路径

智能递送系统强调施药路径的精确性、响应性与可控性，核心在于药剂能根据外界特定信号（如 pH 值、酶浓度、温湿变化、光照条件）自动调节释放速率或激活机制，实现“按需释放”。

典型的智能递送结构包括微胶囊结构、纳米复合膜、分子开关结构等。其中，温敏性高分子可在设定温度下崩解释放；酶响应系统利用害虫消化酶作为触发剂，仅在虫体内释放有效成分，

极大降低对非靶标生物的影响。

此外，融合微电子与控制算法的智能喷施平台，如可变速喷雾系统、无人机精量施药装置，进一步拓展了纳米农药的精准应用边界，实现从“精准配方”到“精准投送”的闭环管理，为智能防控提供坚实物质与技术支撑。

三、纳米农药与智能系统的协同应用场景与效果评估

在蔬菜生产中，纳米农药与智能递送系统主要应用于叶部病害、土传病害及虫害的防治。在番茄黄化曲叶病毒的预防上，采用酶响应型 RNA 干扰分子递送系统，能精准识别白粉虱肠道酶并激活 siRNA 释放，有效干扰病毒复制过程，大幅降低了病毒传染效率。这类系统不仅减少施药频次，也降低了化学干预对蔬菜品质的负面影响。

在评估效果方面，纳米农药的应用通常结合多指标综合评判体系，包括药效保持时间、残留量变化、生物有效性、环境毒理影响等，形成科学量化的防控效果评价标准，为技术推广提供可靠依据。

四、发展瓶颈与未来技术路径展望

当前纳米农药与智能递送系统在推广过程中仍面临诸多瓶颈。一是制剂成本较高、规模化应用门槛大，制约了其在中小农户中的普及；二是技术标准缺乏统一，目前尚无完善的绿色纳米农药产品分级、施用规范及环境评价体系，限制了监管与流通；三是安全性与环境命运机制研究不足。尽管部分纳米材料具备生物可降解特性，但其在土壤、水体及作物体内的长期累积效应尚不清晰，存在潜在生态风险。

为此，建议在以下几个方向开展系统攻关：一是推动绿色纳米农药国家标准体系建设，明确分类定义、功能指标、应用条件与残留限值；二是发展低成本、高附加值载体材料，如基于农林

废弃物改性开发的新型天然纳米材料；三是加强智能防控场景建模与算法优化，提升施药系统的环境感知能力与自主决策水平；四是开展多学科联合环境风险评估，建立“源—途—效”全过程生态评价模型，提升纳米农药应用的社会可接受性与制度合法性。

纳米农药与智能递送系统作为绿色防控技术体系的重要组成，正在重塑传统植保理念与实践路径。其集高效、精准、环保于一体，代表着未来农业绿色防控的发展方向。唯有在技术创新、标准构建与风险治理之间实现系统协调，方能将纳米技术真正转化为绿色农业的核心引擎，为我国蔬菜病虫害防控现代化、智能化提供坚强支撑。

第三节　微生物组技术与根际免疫调控

在可持续农业和绿色防控理念日益深入人心的今天，植物根际微生物组作为“第二基因组”的作用逐渐被农业科学界所重视。根际是植物与土壤环境密切交互的重要界面，这里不仅聚集着多种微生物类群，还承担着信号传导、营养交换和免疫调控等关键生理生态功能。近年来，随着宏基因组学与多组学融合技术的发展，根际微生物组在蔬菜病虫害绿色防控中的功能潜力被不断挖掘，微生物组技术逐步从实验室研究走向田间实践，成为引领病害免疫调控的新兴策略之一。

一、根际微生物组的构成与功能基础

植物根际微生物组是指栖息于根系周围狭小区域内的多样微生物群落，主要包括细菌、真菌、放线菌、古菌及病毒等。这些微生物通过与植物根系分泌物相互作用，建立复杂的共生网络。

在蔬菜病虫害防控领域，特定微生物类群具有诱导系统抗性

(ISR)、竞争营养位点、产生抗菌物质等多重功能。此外，根际微生物还可通过调节植物激素平衡（如 IAA、乙烯、茉莉酸）影响根系生长与病害响应路径，实现植物-微生物-环境三元关系的动态平衡，这为绿色防控的生态基础提供重要支持。

二、微生物组技术在蔬菜根际免疫中的应用策略

基于微生物组的防控策略强调“预防为主、系统干预”的理念，其核心在于通过定向调控根际微生态，激活植物的天然免疫防线，从而实现对土传病害的长期压制。

首先，益生微生物接种是最直接的干预手段。通过将优良功能菌（如芽孢杆菌、解淀粉芽孢杆菌、固氮菌）施入根区，可迅速建立保护性微生物屏障，阻止病原侵染通道的开启。其次，微生物组调控还可通过施用“土壤调理剂”间接实现，更为前沿的是“合成微生物群落”设计，即通过组装多功能互补型微生物联合体，构建具备稳定性、抗逆性和调控性的微生态系统，以系统性重构病害易感根际的生态平衡。

三、免疫调控机制与多组学协同解析路径

根际微生物如何触发植物免疫响应，已成为植物病理学与微生物生态学交叉研究的热点。现阶段，研究表明根际微生物通过诱导系统抗性（ISR）和系统获得性抗性（SAR）两种主要路径激活植物防御机制。

ISR 机制多与挥发性有机化合物（VOCs）和微生物来源的 MAMPs（微生物相关分子模式）相关，能通过茉莉酸和乙烯信号通路增强植物非特异性免疫力。而 SAR 则更多依赖水杨酸通路，通过产生 PR 蛋白群提高植物对特定病原的防御能力。

随着多组学工具的发展，植物与微生物的互作可在基因、转录组、蛋白质组和代谢物层面得到系统解析。这些研究手段为根际免疫机制提供了清晰的图谱基础，也为技术干预提供科学

靶点。

四、微生物组技术推广面临的挑战与优化路径

尽管微生物组技术展现出巨大的绿色防控潜力，但在实际推广过程中仍面临一系列瓶颈。

(1) 根际微生物多样性受土壤类型、种植历史、农事操作等多因子影响，导致相同菌株在不同区域表现出显著的功能差异，影响推广的一致性与稳定性。

(2) 接种后微生物的定殖效率不高，存在“施入即失效”的问题。这与土壤微生物原有群落的拮抗、植物根系选择性排斥、环境胁迫反应等密切相关。

(3) 标准体系不健全，现有绿色防控技术规范多集中于药剂使用与物理手段，对微生物组干预尚缺乏统一登记制度、质量评价体系与风险控制标准，制约其大规模工程化应用。

为此，应从以下几方面推进优化：一是加强根际微生物资源本土化采集与功能筛选，优先构建适应不同生态区的菌种资源库；二是发展微胶囊包衣、控释载体等递送新技术，提升定殖与活性表达效果；三是推动多中心田间验证试验与环境适配性评估，建立科学的应用指导路径；四是加快绿色防控标准体系建设，将微生物组技术纳入绿色农业主干框架，明确其技术资质、施用方法、登记程序与风险管控要求。

微生物组技术与根际免疫调控的融合，不仅为蔬菜病虫害绿色防控提供了内源性、可持续的解决路径，也为构建生态型农业体系注入了微观生命力。随着多组学解析的深化与应用技术的成熟，微生物组正从“潜力因子”转变为“核心手段”。未来，只有在本土化菌群构建、机制识别、施用标准与环境评估等维度实现系统突破，方能真正释放根际微生物组在绿色防控中的生态价值与技术优势，助力中国蔬菜产业实现高质量、绿色化转型。

第四节 人工智能在病虫害防控决策中的应用

随着农业信息化进程的加速与智能技术的迅猛发展，人工智能（简称 AI）在蔬菜病虫害防控中的应用日益广泛，已逐渐从数据分析工具向决策辅助系统演进。面对气候变化、病虫害复杂化与农户防控能力不均等问题，传统经验式判断难以满足绿色防控对精准性、时效性与科学性的高要求。AI 技术凭借其强大的数据处理能力与智能推理机制，正在构建一个集感知、识别、预测与决策为一体的智能化绿色防控体系，成为推动农业现代化转型的重要抓手。

一、人工智能技术的核心功能与发展趋势

人工智能在病虫害防控中的应用，主要集中于图像识别、智能诊断、动态预测和智能决策四大核心环节。

（1）图像识别技术借助深度学习算法实现对病斑、虫体等图像特征的精准提取。通过构建大规模标注数据集，卷积神经网络（CNN）等模型能够对病虫害种类进行快速自动分类，显著提高了病害识别的准确率和诊断效率。

（2）智能诊断系统基于传感器、摄像头与云平台等多源数据采集手段，将田间实时信息上传至模型系统，通过比对知识库，输出诊断结果与初步处理建议，实现由“经验判断”向“数据驱动”转变。

（3）病虫害动态预测系统以历史病虫害发生记录、气象数据与遥感图像为基础，通过机器学习模型如随机森林、支持向量机（SVM）、长短期记忆网络（LSTM）等进行建模，输出发生概率与风险等级，为前端预警和防控窗口期选择提供科学依据。

（4）智能决策系统结合作物生育期、环境因子、防控成本与

防效需求，综合推演不同控制措施的最优路径，为农户或农业服务主体提供个性化决策建议。

二、AI 辅助系统在绿色防控中的集成应用模式

当前，AI 在蔬菜病虫害绿色防控中的集成应用，呈现出平台化、智能化、区域化的多元格局。

一方面，基于物联网感知系统的“天空地一体化”监测网络，成为 AI 系统的数据来源基础。卫星遥感、无人机航拍、地面传感器与农田监控终端协同采集病虫发生、气象变化、植被健康等多维数据，并通过边缘计算与云平台处理形成实时图谱。另一方面，AI 平台将这些数据纳入深度模型进行实时分析，并通过农业 APP、微信小程序等终端形式推送决策建议，使农户以可视化形式掌握病虫动态与处置措施，从而大幅提升绿色防控的可及性与适应性。

此外，部分区域试点开展了“专家＋AI”协同机制，融合地方农业专家的经验模型与 AI 的自学习系统，对蔬菜不同生育阶段病虫害发生规律进行全周期建模，实现绿色防控措施的精准匹配。

三、技术瓶颈与未来优化路径

尽管 AI 在病虫害防控中展现出显著潜力，但其应用仍面临数据质量、算法普适性与用户信任等诸多挑战。

（1）田间图像数据质量参差不齐，存在采集光照不稳、角度不一、标注偏差等问题，影响 AI 模型训练效果。对此，应建立标准化图像采集与标注规范，推动区域级样本库构建与共享。

（2）算法模型对不同生态区适应性不足，表现出“迁移性弱”的通病。未来应引入迁移学习、联邦学习等新机制，实现模型跨区域学习与本地化适应能力增强。

（3）基层农户对 AI 系统认知不深，信任程度偏低。建议在

推广中构建“AI+农艺师”服务队伍，增强解释性与互动性，引导农户从被动使用向主动调整过渡。

人工智能的引入，为蔬菜病虫害绿色防控注入了前所未有的科技动能。从图像识别到智能决策，AI技术重构了病虫信息获取、风险评估与精准干预的全过程逻辑，推动绿色防控由“经验防治”迈向“智慧管理”。未来，只有在数据、算法、平台与人的协同演化中不断优化，才能真正释放人工智能在农业防控中的系统性价值，实现现代农业绿色、安全、高效的发展目标。

第五节　气候变化背景下的防控策略调整

21世纪以来，全球气候变化加剧，极端天气频发、温度异常升高、降水模式变化等问题对农业生产构成了前所未有的挑战。蔬菜作为高投入、高回报、周期短、对环境条件敏感的作物，其病虫害发生格局在气候变动背景下呈现出高度的不确定性和突发性，对绿色防控技术的适应性和应变能力提出了更高要求。因此，深入探究气候变化与蔬菜病虫害互动关系，构建适应性强、弹性高的绿色防控策略，成为推动农业可持续发展的核心议题之一。

一、气候变化对病虫害发生规律的影响机制

气温升高打破了病原物和害虫生命周期的原有节律，使其繁殖世代数增加、活动周期延长。降水模式的变异也带来了病原菌传播方式和致病能力的转变。过量降雨导致田间湿度过高，极易诱发霜霉病、疫病等真菌性病害的暴发；而干旱气候则为病毒病和蓟马等干旱型害虫提供了适宜的繁殖环境。

风速、湿度等微气候因素叠加作用，使得病虫害发生呈现出空间不均、时间提前、频次增加等趋势。这种趋势不仅加剧了病

虫害的控制难度，也对绿色防控措施的精准部署提出了挑战。

二、绿色防控策略的动态调整路径

针对气候变化带来的病虫害风险变化，绿色防控策略需从“静态设计”转向“动态调整”，实现因时、因地、因物的精准应对。

（1）强化气象信息与病虫预测模型的耦合机制　通过引入气象大数据、历史病虫发生资料与生物信息学模型，构建多因子预警系统，提前识别高风险时段和区域，提前部署干预手段。

（2）优化作物栽培制度与品种结构，提升系统韧性　在高温易发区选育抗热抗病品种，在降水集中的季节安排耐湿抗病栽培种，延长或错开病虫高发期，实现农艺措施与生物防控手段的协同联动。

（3）提升生物防治因子的适应性　针对温湿度敏感型天敌昆虫、微生物农药等，开展功能筛选与适应性评价，优选可在极端气候条件下稳定发挥作用的绿色防治材料。

三、构建气候变化响应型绿色防控技术体系

面对气候变化的长期性与系统性特征，亟需建立跨学科、系统化的绿色防控技术体系，以提升蔬菜生产系统对极端气候的适应与缓冲能力。

（1）构建“气象-生态-病虫”一体化监测平台　整合气象部门与农业系统数据，实现信息实时共享，推动“预警—响应—评估”闭环运行。

（2）加强绿色防控技术的适应性研发，推动微生物农药、诱导抗性物质、信息素等新型绿色投入品的耐候性与广谱性改进。

（3）推动农艺管理手段向“精准化、生态化”转型　包括精准播种、可控灌溉、动态轮作等操作技术与病虫防控策略的深度融合，以提升系统整体抗压能力。

（4）强化技术培训与社会服务能力，提升基层农户对气候变化背景下绿色防控知识的认知水平，推动防控策略从“专家驱动”向“农民参与”转变，真正形成“技术-主体-环境”协同联动的适应体系。

在气候变化愈演愈烈、农业风险加剧的当下，蔬菜病虫害绿色防控必须从应急响应走向战略主动，推动防控模式从“封闭式”向“开放协同”转型。唯有建立与气候动态适配的绿色防控体系，强化生态韧性建设与农艺技术协同，方能在保障产量与质量的同时，实现农业生态系统的长期稳定与可持续发展。这不仅是对技术的挑战，更是对理念与制度的系统考验。

第十章
绿色防控的实践挑战与未来路径

第一节　技术推广瓶颈与农户认知差异

在国家推进绿色农业、可持续发展战略的大背景下，蔬菜病虫害绿色防控技术得到了广泛关注并迅速发展。然而，与技术本身不断进步形成鲜明对比的是，其在基层推广过程中所面临的困境与挑战尤为突出。技术成果难以转化、农户接受度低、认知水平参差不齐等问题，已成为阻碍绿色防控体系全面落地的“最后一公里”瓶颈。

一、绿色防控技术传播机制的局限性

绿色防控技术的传播路径主要依赖农业技术推广体系，但当前该体系在多层级运行中暴露出显著不足。一方面，传统的“自上而下”单向知识灌输模式依然占主导地位，忽视了农户在知识接受与再造过程中的主体地位与文化差异。

另一方面，信息渠道碎片化导致技术传播内容不一致。随着数字媒体的普及，农户可以通过手机 APP、社交媒体等多元平台接收信息，但缺乏权威审核机制使部分农户陷入“伪技术”陷阱，进一步加剧了对官方推广内容的质疑。此外，基层农业技术

人员数量不足、专业能力参差不齐，也导致技术解释力与指导力薄弱，影响绿色防控知识的有效传播。

二、农户认知差异的多维影响因素

农户对绿色防控技术的认知差异具有显著的群体性和结构性。首先，认知能力与文化程度密切相关。调查显示，受教育水平较高、年龄较轻的农户更容易接受新型绿色防控理念，而中老年、小学及以下文化程度的农户则更倾向于依赖传统经验与化学农药，认为“见效快、操作熟”。其次，农户的风险感知与收益预期也对其技术采纳意愿产生关键影响。绿色防控技术多具有“前期投入大、见效时间长、效果因地制宜”等特点，与“短期收益最大化”的小农经济逻辑产生冲突。因此，即便在技术可行的前提下，部分农户仍倾向于延续熟悉的方式来降低经营风险。再次，传统知识体系与“习惯性农业逻辑”构成潜在认知障碍。

三、推广实践中的文化适配与信任建构困境

绿色防控技术的成功推广不仅取决于其科学性与有效性，更有赖于其与地方农耕文化、社区互动逻辑的契合程度。然而现实中，大量推广活动未能充分尊重农户的文化知识结构，导致“技术—实践—文化”断裂。

（1）技术语言晦涩难懂，缺乏本地化转化机制　部分推广资料使用专业术语（如“诱导抗性”“系统获得性免疫”），缺乏形象类比和情景模拟，使非专业农户难以理解与吸收。

（2）推广模式缺乏信任桥梁　多数推广活动为一次性开展，缺乏持续陪伴与问题反馈机制，使得农户在技术应用过程中缺少即时指导与纠错支持，长此以往容易对绿色防控失去信心。

（3）缺乏依托性组织体系　在一些地区，合作社、农业企

业、示范基地等未能有效承接推广技术，技术供需之间存在“真空地带”，加剧了农户的“技术孤岛”状态。

四、破解路径：构建多维协同的推广认知体系

针对上述问题，绿色防控技术推广应从“灌输-接受”模式向“协商-共建”模式转型，构建多元参与、情境驱动、认知友好的技术传播生态系统。

（1）推动技术话语的“再本土化”重构　应根据农户的日常生产语言和行为习惯，将专业术语转译为通俗语言，通过农民画、田间故事、短视频等媒介实现技术可视化、情境化表达，增强接受度与情感认同。

（2）发展“伴随式服务”推广模式　在传统单次技术讲解基础上，探索建立“技术顾问＋实地指导＋定期回访”机制，使技术推广嵌入农户日常生产周期，实现知识内化与技能固化。

（3）激活农户主体性与参与感　通过组织“田间课堂”“农户讲堂”等方式，引导农户讲述自身实践经验，促进知识交流与文化共建，构建“专家-农户”对话平台，提升农户参与感与认同感。

（4）强化中介组织的桥梁功能　依托合作社、家庭农场、村级技术服务站等新型农业经营主体，打通绿色防控技术的推广—转化—应用链条，推动技术与组织体系深度耦合。

绿色防控技术在理念上契合可持续农业发展方向，在实践中却受制于技术推广体制、农户认知结构与社会文化环境等多重因素的掣肘。唯有尊重农户主体性，理解其认知逻辑，并在实践中不断优化推广策略，方可打通绿色防控“最后一公里”，实现从理念普及到广泛采纳的实质跃迁。未来，在推动绿色农业高质量发展的过程中，绿色防控技术的推广不仅是一项技术任务，更是一个融合社会学、文化学与传播学的系统工程。

第二节 小农户与大基地的差异化需求

蔬菜病虫害绿色防控技术的广泛推广是实现农业绿色转型的重要支撑，但在实践推进过程中，面对不同农业经营主体所呈现的多样性，绿色防控的推广策略亟需细化与差异化处理。尤其是在小农户与大基地这两类典型生产主体中，因其生产规模、资源结构、管理方式和技术吸纳能力的显著差异，导致其在绿色防控技术采纳中的路径选择、需求偏好和效果反馈存在本质不同。

一、生产结构与经营逻辑的差异

小农户通常以家庭为单位，从事分散化、资源约束型的生产活动。其生产面积小、技术储备有限、信息获取渠道狭窄，更多依赖自身经验进行病虫害管理，体现出典型的“低投入、低风险、低收益”经营逻辑。在这一逻辑下，蔬菜病虫害绿色防控技术若未能实现显著的短期经济回报，往往难以获得小农户的采纳与持续使用。

而大基地则依托资本、组织化和标准化优势，在生产规模、设施条件、技术投入与数据采集能力方面具有显著优势。其生产活动呈现出“高投入、高技术、高效益”的工业农业特征，对绿色防控技术具备更高的接受度和技术转化能力，尤其在精准施药、天敌释放、环境调控等方面更具实施条件。

二、绿色防控技术应用的现实困境

对于小农户而言，绿色防控技术常涉及一定程度的前期投入与系统管理，如高成本的诱虫灯、复杂的天敌释放程序或持续监测与记录的技术要求，这些均超出其人力与财力承受范围。同时，由于小农户缺乏统一组织与市场议价能力，其绿色产品缺乏认证通道和品牌溢价保障，使得绿色投入难以转化为可观收益，形成技术采纳的负激励效应。

大基地虽具备技术采纳优势，但也面临一些结构性挑战。一方面，大基地对绿色防控技术的标准化、可量化要求较高，对现有技术体系的适配性和扩展性提出更高要求。另一方面，受限于制度政策不完全同步、跨区域劳动力素质不一等问题，其在技术普及和培训方面也存在内部协调与外部对接的矛盾。

三、制度与服务体系的差异化匹配

目前我国绿色防控政策设计多数基于技术普适性逻辑，未能充分体现生产主体间的结构异质性。同时，推广路径以“自上而下”为主，难以在基层形成有效的反馈与调整机制。

在大基地层面，制度服务较为健全，其与地方政府、农业科研院所、企业之间构建了较稳定的合作机制，但这类机制常常排斥小农户的参与，加剧了“技术鸿沟”与“认知断层”。以非遗保护机制中的“社区共识建构”逻辑为借鉴，应建立以小农户为中心的协同支持网络，推动地方知识、农耕经验与现代绿色技术的深度融合。

四、推进差异化路径整合与创新机制构建

针对小农户，应探索“低成本＋低风险＋易操作”路径，开发简化版绿色防控工具包，如以简易诱虫设备替代高价仪器，结合图文并茂的农户手册进行推广。同时可通过村级农技员与合作社网络实施定期培训与巡回指导，提升小农户实际操作能力与信心。

针对大基地，应强化其“绿色生产引领者”角色，推动建立绿色防控技术“试验-验证-复制”机制，通过示范工程带动区域整体技术升级。此外，应鼓励其构建数据驱动的管理系统，促进

AI辅助决策与病虫害智能识别在大基地中的应用，从而推动绿色防控的产业化路径。

在制度层面，应推动“分类支持”政策体系建设，对小农户与大基地采取差异化扶持策略，强化绿色防控推广与农业社会结构的联动响应，避免“一刀切”的技术灌输。同时，应鼓励跨主体共建绿色防控联盟，推进技术、人才、市场的资源共享，实现区域绿色防控的整体提升。

小农户与大基地在绿色防控技术采纳中呈现出显著的需求差异，其背后既有制度、技术、认知层面的结构张力，也体现了我国农业组织形态的多样性。应当在绿色防控推广过程中，以“分类施策、因地制宜”为核心理念，通过技术工具精细化、服务路径多元化与政策机制弹性化的协同推进，真正实现绿色防控的广泛落地与可持续运行。唯有在尊重差异的基础上寻求整合路径，方能推动蔬菜病虫害绿色防控从技术突破走向系统升级，助力中国农业现代化进程不断前行。

第三节 绿色防控经济效益的长期验证

绿色防控技术作为推动农业可持续发展的关键手段，其环境友好性与生态安全性已逐步获得行业认可，但相较传统化学防控手段，其在短期内带来的经济效益并不明显。因此，绿色防控的经济价值常被低估，影响了其在农业生产中广泛而持续的应用。尤其是在以蔬菜为代表的高附加值农产品领域，绿色防控的经济性问题不仅关乎农户决策，更关系到整个农业绿色转型的可行性与战略走向。要实现绿色防控的常态化应用，必须建立起系统的、可量化的经济效益评估体系，推动绿色技术从理念认同走向价值实证。

一、绿色防控成本结构与投入回报分析

绿色防控技术的成本结构通常由物资投入、人工成本、技术服务费以及认证评估费用构成。与传统防控方式相比，绿色防控在初期建设期往往呈现成本偏高特征，尤其是天敌释放、生物农药替代与物理诱控等环节，常涉及特殊设备与高频率作业。

从全周期角度来看，绿色防控在病虫害控制稳定性、土壤与生态系统修复效应方面具有持续性优势。长期应用可降低农药抗性演化速度、减少残留风险，提升作物品质与市场价格。因此，其经济效益应从“投入-产出”向“生态-经济-社会”综合收益结构延展。

通过试验示范基地的数据分析发现，在连续三年以上稳定实施绿色防控的生产主体中，虽然第一年经济收益增长缓慢，第二年起产品品质溢价与成本控制能力逐渐增强，到第三年实现总收益较传统防控提升 12.6%，生态与品牌效应叠加形成良性循环。

二、效益验证中的现实障碍

绿色防控的长期效益虽在理论上具备充分依据，但在实践操作中，存在验证难、周期长、成本高等多重障碍。

（1）当前缺乏一套标准化、系统性的绿色防控经济效益评估框架，使得各地推广部门难以基于可量化数据向农户展示效益回报。

（2）在缺少政策持续支持的背景下，绿色防控收益反馈链条被人为打断。尤其对于小农户而言，短期内无法实现成本覆盖，绿色行为便难以维系，形成“中断式”采纳路径，影响技术推广连续性。

（3）部分绿色防控效果受气候、作物种类、区域环境差异影响大，易造成试验结果“非一致性”，进而妨碍绿色技术效益模型的普适化构建。

三、效益评估体系的构建路径

构建科学合理的绿色防控经济效益验证体系，应从多维度入手。

（1）应建立动态追踪与比较机制，通过对不同作物、区域、技术组合的长期跟踪，对比传统防控与绿色防控的病害控制率、农药使用量、单位成本、销售价格等关键指标，实现系统对照评估。

（2）应引入全生命周期成本效益分析法，结合绿色防控在环境恢复、产品增值、劳动力节省等方面的外部效应，构建更加全面的收益计算模型，体现绿色防控的“延迟价值”与“隐性贡献”。

（3）探索建立“绿色指数”量化模型，将绿色投入与产出之间的定量关系公开透明化，借鉴非遗产业中“价值重建”方法，通过市场评价、社会满意度、生态指标等综合权重，构建公众与政府共同认可的绿色评价体系。

四、绿色防控经济效益的传播机制与政策支撑

绿色防控效益的验证不仅是研究范畴，更需落地于实际推广与政策设计中。建议以区域示范基地为依托，构建以“实证—示范—转化”为主线的推广模式，利用高产值作物区的成功案例带动周边农户心智转变。同时，应强化政府在绿色防控效益认定与推广中的责任，通过设立专项激励基金，对达到绿色效益标准的主体给予溢价收购、认证补贴等政策支持。地方农业主管部门应联合科研院所开发“绿色账本”工具包，帮助农户精准记录并计算绿色防控成本收益，为其经营决策提供直观依据。

绿色防控经济效益的长期验证，是推动绿色技术由理念走向常态、由边缘走向主流的关键环节。唯有建立健全的效益评估体系、科学透明的比较路径与有力的政策支持，方能破解农户“看

不到收益、撑不下去”的现实困境，使绿色防控真正实现生态保护与经济收益的双赢格局。在中国农业转型升级的进程中，绿色防控经济效益的系统性验证，既是农业现代化的内在要求，更是农业高质量发展的坚实基石。

第四节　多学科交叉融合的创新潜力

在蔬菜病虫害绿色防控的发展进程中，单一学科的技术突破往往难以应对生态系统复杂性和农业多样性的现实挑战。随着绿色农业理念不断深化与应用场景愈加多元，传统植保学、生态学的边界已被逐步打破，多学科交叉融合逐渐成为绿色防控技术演进的内在动力。尤其是在信息技术、人工智能、材料科学、社会经济等领域的加持下，绿色防控正从单纯的技术防控手段走向系统性治理方案。因此，探索并推动多学科融合创新，不仅有助于解决技术扩散难、应用成本高、适应性差等瓶颈，更为绿色防控未来的发展路径开辟了全新可能。

一、绿色理念的行为动因重构

传统的绿色防控实践强调生态过程与自然规律的利用，但忽视了技术采纳背后的人类行为逻辑。生态学与社会学的融合，有助于从行为经济学、知识传播与风险感知等维度剖析农户技术采纳行为。研究发现，农民是否愿意长期采用绿色防控措施，不仅取决于其技术有效性，还与其对环境保护的态度、集体认同感以及外部支持密切相关。

在非遗保护领域，文化传承机制中的“参与式观察法”与“社区驱动模式”启发绿色防控可以引入“文化嵌入”视角，借助乡村治理体系、村社结构与群体网络，实现绿色防控从技术推广向观念内化的转变。建立农民议事会、绿色共识机制与田间试验社区，强化绿色行为的社会效应，使绿色防控不仅是农业技术，更是一种生态文明的实践方式。

二、绿色投入品的功能化演进

绿色防控的有效性，很大程度上依赖于投入品的稳定性与生物活性。材料科学与微生物学的深度融合，为新型生物农药、缓释载体、生态诱导剂等绿色产品提供了技术支撑。

同时，纳米材料在载药稳定性、靶向释放与感应响应上的优势，可用于绿色诱控制剂开发，在不依赖化学杀虫剂的前提下实现“精准干预”。如植物精油与多糖复合载体相结合，不仅能改善其田间持久性，也能在特定温湿环境下诱导天敌聚集，为绿色防控提供生态位调控的新路径。

三、融合信息技术与人工智能：精准防控的智能化路径

在面对气候变化与病虫害动态性增强的背景下，绿色防控亟需更具时效性与精准性的响应机制。遥感技术、大数据分析与人工智能模型的引入，为病虫害监测、预测与应急防控提供了新手段。通过无人机遥感图像识别，结合作物生长模型，可在虫害初发期实现预警推送。

AI算法的集成进一步提升了绿色防控的“智能决策”水平。基于多源数据构建的动态学习模型，不仅可实时调节诱控装置开关，还能匹配天敌释放时机与环境窗口，大幅提高资源利用效率。此外，智能传感系统的植入，使绿色防控由“经验管理”迈向“数据管理”，为绿色农业构建闭环式反馈体系。

四、融合经济管理与政策设计：绿色防控推广机制的制度化重构

绿色防控的落地效果，在很大程度上依赖于其制度支持与经济机制设计。经济学与政策学的结合，能够在绿色防控推广中构

建出“技术-组织-市场”三位一体的支撑体系。

借鉴非遗领域“保护名录-资金扶持-产业孵化”三重机制，绿色防控也可设立“技术应用指数”“生态回报指数”等综合指标，对使用绿色技术的农户与基地进行绩效激励。同时，通过区域合作社制度、产销对接平台等组织方式，引导农户形成协同防控与规模管理体系，打通“技术到农田”的最后一公里。

绿色防控的本质是系统性农业思维的具体体现，而系统的复杂性要求多学科协同创新成为解决问题的核心路径。未来，绿色防控不再仅是植保技术范畴的“升级选项”，而是农业现代化、生态文明建设与乡村振兴融合交汇的关键领域。通过生态学与社会学的耦合，材料科学与微生物学的集成，信息技术与人工智能的引导，以及经济政策体系的制度支撑，绿色防控将在多学科交叉融合的背景下实现质的跃升，推动中国农业进入更加智慧、绿色与可持续的发展新阶段。

第五节　全球生态治理中的中国方案贡献

随着全球生态环境问题的日益严峻，传统农业模式对环境的负面影响已引发国际社会的广泛关注。绿色防控作为生态农业的重要组成部分，其理念与实践逐渐成为全球农业可持续发展的关键方向。在这一背景下，中国在蔬菜病虫害绿色防控领域的技术积累、模式创新及制度构建，不仅对国内农业转型发挥了积极作用，更为全球生态治理提供了可借鉴的“中国方案”。通过绿色理念输出、技术协同共享与制度机制构建，中国正逐步在全球农业绿色转型中扮演更为重要的引领角色。

一、构建全球生态共识

中国的绿色防控战略，基于“尊重自然、顺应自然、保护自然”的生态文明观，提出“以防为主、综合防治”的治理路径，体现出对农业生态系统内在逻辑的深刻理解。这一理念输出为国际社会提供了以生态优先为核心的农业发展新范式。

在“人与自然命运共同体”理念引导下，中国通过多边平台积极推动绿色农业国际交流合作。如“一带一路”绿色发展项目中推广的绿色种植技术包、生态农业示范基地，彰显出中国在生态价值重构中的实践能力。绿色防控不仅是生产方式的调整，更是价值系统的重构，展现出中国在农业绿色转型中的道义担当与路径创新。

二、推动绿色知识全球共享

中国在绿色防控技术体系构建中积累了丰富的经验，涵盖生物防治、物理阻隔、生态调控等多维路径，这些成果不仅实现了农药减量与生态恢复，还具备可复制性与区域适应性。通过国家援外农业技术项目、国际农发组织合作计划，中国正将本土绿色技术输出至东南亚、非洲及拉美地区，实现从“技术自给”到“知识共创”的转变。

在非遗保护领域常用的“本土知识国际表达”策略为绿色防控提供了理论启示。即在技术推广过程中尊重在地生态与文化语境，结合当地农耕传统与气候条件，构建“共建共享”的技术适配机制。

三、构建可持续农业治理范式

制度层面，中国通过一系列政策文件与立法举措，为绿色防控提供了系统保障。《农药管理条例》《绿色防控行动计划》《农业绿色发展“十四五”规划》等政策的出台，确立了绿色防控的国家战略地位，推动形成政府主导、企业参与、农民受益的协同机制。

在国际制度治理层面，中国积极参与《生物多样性公约》

《联合国 2030 可持续发展议程》等国际机制建设，将绿色防控实践嵌入全球生态治理框架。同时，借鉴非遗保护中“名录体系-激励机制-社会共治”模式，建立绿色防控绩效考核体系与补贴机制，推动其制度化、常态化运行，为全球提供了可参照的治理范式。

四、推动中国农业话语体系构建

在全球化背景下，标准成为推动绿色防控国际互认的重要工具。中国通过制定《蔬菜病虫害绿色防控技术规程》《绿色食品农药使用准则》等标准，并推动其在国际认证体系中占据一席之地，实现技术与制度的双重输出。

此外，绿色防控蕴含着中国传统农业智慧与生态文化观，如“天人合一”“因地制宜”等理念，与当前国际社会倡导的可持续发展理念高度契合。通过农业文化展览、国际农业论坛等平台，绿色防控逐步演变为中国生态文明叙事的一部分，在提升国家文化软实力的同时，也增强了中国在全球农业治理中的议题设置权。

全球生态治理是一项系统性、长期性的工程，亟需各国在理念、技术与制度上的集体努力。中国在蔬菜病虫害绿色防控领域所形成的实践路径与治理经验，充分体现了绿色转型的系统思维与可持续导向，已逐步形成具有中国特色的“绿色农业范式”。未来，随着多边合作机制的深化与全球环境议题的趋紧，中国绿色防控经验有望在更多国家生根发芽，为全球农业生态化、低碳化转型注入“中国智慧”与“中国力量”，彰显负责任大国在全球生态治理中的制度贡献与文明担当。

结 论

随着绿色农业理念的深入人心，蔬菜病虫害防控模式正在发生深刻而系统的转型。传统以化学药剂为核心的病虫管理手段，已不再适应当前对生态环境友好、食品安全保障和农业可持续发展的多重要求。在这一历史节点上，绿色防控作为一种以生态原理为指导、以多元非化学手段为基础的综合防控技术体系，已成为新时代农业现代化建设的重要战略支撑。

全书以“理论—技术—模式—评估”四大逻辑主线，系统梳理了绿色防控的生态学基础、蔬菜病虫害的发生规律与环境因子作用机制、新型监测与预警技术、生物与物理防治手段的技术集成，以及绿色防控模式的区域适配与标准化发展路径。从宏观战略到微观技术，从田间实践到政策制度，构建了一套较为完整的绿色防控技术框架和知识体系，为推动蔬菜病虫害治理方式的根本变革提供了理论支撑与技术依据。

绿色防控的核心不在于“替代某一种手段”，而在于“重构防控逻辑”。它要求我们以农业生态系统为基本单元，审视病虫害的发生与调控机制，强调作物抗性利用、生物多样性保护、生态结构调控和人为干预适度化。在这一逻辑下，病虫害治理不再是单一技术的叠加，而是一种基于系统性思维的生态治理工程，其最终目标是实现病虫危害控制、生态系统稳定与农产品安全的三重协同。

技术手段的不断演进是绿色防控体系构建的关键推动力。从生物防治、物理诱控、抗性育种，到智能监测、遥感识别、分子检测、高通量测序，多维技术的融合为绿色防控注入了强劲动能。尤其在“数字农业”背景下，数据感知、模型预测、平台决策与精准干预之间的协同机制正在逐步建立，使绿色防控技术从经验型走向科学化、标准化和自动化。同时，社区参与、信息共享与本地化技术创新，也在不断提升防控效率与社会认同。

绿色防控的全面推广并非一蹴而就。当前仍存在一系列现实挑战，如绿色防控产品使用门槛高、农民技术认知不足、生态补偿机制缺位、标准评价体系不健全等问题。这要求我们在未来的发展中，进一步加强技术适配性研究、完善政策支持体系、建立多元化利益激励机制，并构建起从科研、推广到市场的完整绿色防控产业链。只有在制度、技术与社会三方面形成合力，绿色防控才能真正从“理念”落地为“实践”。

制度体系的构建是绿色防控长期可持续运行的保障。通过建立防控技术标准体系、绿色产品认证机制、生态补贴制度与风险监测网络，可以有效提升绿色防控的科学性与可执行性。此外，还应推动绿色防控从“单点示范”向“区域集成”转变，打造集绿色生产、绿色供应、绿色消费于一体的产业生态系统。特别是在“双碳”战略与乡村振兴背景下，绿色防控的生态贡献与产业价值将更加突出，其政策优先地位也将进一步提升。

未来，绿色防控的发展趋势将呈现出多维融合、多技术协同和多主体共治的特征。一方面，防控手段将更加多样化，生物基农药、行为干扰技术、生态调控植被带等将不断被纳入防控体系；另一方面，信息技术将与传统农业知识深度融合，形成可感知、可决策、可干预的闭环式防控平台。同时，农民、科研机构、农业企业、政府部门等多方主体将在绿色防控治理中形成协同机制，推动绿色防控成为农业生产体系中的共同准则。

《蔬菜病虫害绿色防控技术与实践》所传递的不仅是一套可操作的技术体系，更是一种面向未来的农业治理新范式。绿色防控并非对传统防控技术的简单修补，而是对农业生产方式的根本性重塑。它以生态优先为根基，以系统协同为路径，以可持续发展为目标，构筑起农业现代化的新支柱。在农业强国建设的历史进程中，绿色防控必将承担更加重要的角色，为中国乃至全球的农业转型升级与生态文明建设注入强大动力。

参考文献

[1] 张福锁，王激清，张卫峰，等．中国主要粮食作物肥料利用率现状与提升途径 [J]．土壤学报，，2008，45 (5)：915—924.

[2] 康乐．害虫生态调控的理论基础与技术原理 [J]．应用昆虫学报，2015，52 (6)：1141—1148.

[3] Andrewartha H G，Birch L C. The Distribution and Abundance of Animals [M]．Chicago：University of Chicago Press，1954.

[4] 侯茂林，文吉辉，万方浩．小菜蛾对温度胁迫的生理生化反应 [J]．昆虫学报，2006，49 (4)：553—559.

[5] 温州市农业局．蔬菜主要病害症状与防治方法 [EB/OL].

[6] 农业农村部．到 2025 年化学农药减量化行动方案 [EB/OL].

[7] 单正军，周小毛，段美洋，等．农药在环境中的行为与归趋研究进展 [J]．农药学学报，2018，20 (4)：399—411.

[8] 应瑞瑶，周洁红．消费者对绿色食品的支付意愿及其影响因素分析 [J]．中国农村经济，2007，(6)：44—52.

[9] 秦文涛，王文桥，马志强，等．环介导恒温扩增技术在植物病原物检测中的应用 [J]．中国农业科技导报，2013，15 (3)：108—115.

[10] 鲁如坤．土壤农业化学分析方法 [M]．北京：中国农业科技出版社，2000：234—256.

[11] 中国农业科学院蔬菜花卉研究所．蔬菜栽培学 [M]．北京：中国农业出版社，2008：234—256.

[12] Briscoe A D，Chittka L. The evolution of color vision in insects [J]．Annual Review of Entomology，2001，46 (1)：471—510.

蔬菜病虫害
绿色防控技术与实践

李永腾　主编

化学工业出版社
·北京·

图书在版编目（CIP）数据

蔬菜病虫害绿色防控技术与实践 / 李永腾主编. 北京 : 化学工业出版社，2025. 9. -- ISBN 978-7-122-49169-5

Ⅰ. S436.3

中国国家版本馆 CIP 数据核字第 2025HP2020 号

责任编辑：邵桂林　　　　装帧设计：韩　飞
责任校对：李雨晴

出版发行：化学工业出版社
（北京市东城区青年湖南街 13 号　邮政编码 100011）
印　　装：北京云浩印刷有限责任公司
850mm×1168mm　1/32　印张 5½　字数 133 千字
2026 年 1 月北京第 1 版第 1 次印刷

购书咨询：010-64518888　　　　售后服务：010-64518899
网　　址：http://www.cip.com.cn
凡购买本书，如有缺损质量问题，本社销售中心负责调换。

定　　价：39.80 元　　

编写人员名单

主　　编　李永腾

副 主 编　李朝霞

编写人员　李永腾　山东省农业科学院蔬菜研究所

李朝霞　山东省农业科学院蔬菜研究所

兰成云　山东省农业科学院蔬菜研究所

马秀明　山东省农业科学院蔬菜研究所